大家小书

创造

傅世侠 著

北京出版集团
文津出版社

图书在版编目（CIP）数据

创造 / 傅世侠著. — 北京：文津出版社，2023.9
（大家小书）
ISBN 978-7-80554-881-4

Ⅰ. ①创⋯ Ⅱ. ①傅⋯ Ⅲ. ①人生哲学—通俗读物 Ⅳ. ①B821-49

中国国家版本馆 CIP 数据核字（2023）第 140604 号

总 策 划：高立志　　责任编辑：邓雪梅

·大家小书·

创造
CHUANGZAO

傅世侠　著

出　　版	北京出版集团 文津出版社
地　　址	北京北三环中路 6 号
邮　　编	100120
网　　址	www.bph.com.cn
总 发 行	北京出版集团
印　　刷	北京华联印刷有限公司
经　　销	新华书店
开　　本	880 毫米 ×1230 毫米　1/32
印　　张	6
字　　数	100 千字
版　　次	2023 年 9 月第 1 版
印　　次	2023 年 9 月第 1 次印刷
书　　号	ISBN 978-7-80554-881-4
定　　价	45.00 元

如有印装质量问题，由本社负责调换
质量监督电话　010-58572393

序　言

袁行霈

"大家小书",是一个很俏皮的名称。此所谓"大家",包括两方面的含义:一、书的作者是大家;二、书是写给大家看的,是大家的读物。所谓"小书"者,只是就其篇幅而言,篇幅显得小一些罢了。若论学术性则不但不轻,有些倒是相当重。其实,篇幅大小也是相对的,一部书十万字,在今天的印刷条件下,似乎算小书,若在老子、孔子的时代,又何尝就小呢?

编辑这套丛书,有一个用意就是节省读者的时间,让读者在较短的时间内获得较多的知识。在信息爆炸的时代,人们要学的东西太多了。补习,遂成为经常的需要。如果不善于补习,东抓一把,西抓一把,今天补这,明天补那,效果未必很好。如果把读书当成吃补药,还会失去读书时应有的那份从容和快乐。这套丛书每本的篇幅都小,读者即使细细地阅读慢慢地体味，也花不了多少时间，可以充分享受读书的乐趣。如果把它们当成补药来吃也行，剂量小，吃起来方便，消化起来也容易。

我们还有一个用意，就是想做一点文化积累的工作。把那些经过时间考验的、读者认同的著作，搜集到一起印刷出版，使之不至于泯没。有些书曾经畅销一时，但现在已经不容易得到；有些书当时或许没有引起很多人注意，但时间证明它们价值不菲。这两类书都需要挖掘出来，让它们重现光芒。科技类的图书偏重实用，一过时就不会有太多读者了，除了研究科技史的人还要用到之外。人文科学则不然，有许多书是常读常新的。然而，这套丛书也不都是旧书的重版，我们也想请一些著名的学者新写一些学术性和普及性兼备的小书，以满足读者日益增长的需求。

"大家小书"的开本不大，读者可以揣进衣兜里，随时随地掏出来读上几页。在路边等人的时候，在排队买戏票的时候，在车上、在公园里，都可以读。这样的读者多了，会为社会增添一些文化的色彩和学习的气氛，岂不是一件好事吗？

"大家小书"出版在即，出版社同志命我撰序说明原委。既然这套丛书标示书之小，序言当然也应以短小为宜。该说的都说了，就此搁笔吧。

问渠那得清如许？为有源头活水来
——傅世侠先生与《创造》

孙雍君

北京出版集团"大家小书"系列，将出版傅世侠先生的《创造》一书，委托我撰写导读文字。作为先生的弟子，不容推脱，但对自己最熟悉的先生，千言万语却不知从何入手。思虑再三，就从对先生的介绍开始吧。因为按照我的了解，先生不愿被称为"大家"，而先生的学术思想，并非热门，先生的名字，也许并不为普通读者所知。但先生所做的开创性的、奠基性的工作，却使得这一领域的研究者和应用者受益至今。

从1995年考入北大科学与社会研究中心跟随傅世侠先生读研究生算起，我成为先生的学生已有28年了。这么多年过去，在中心亲承教诲、接受熏陶的日子里，多位熟悉的老先生先后谢世，傅先生也从改革开放之后文采精华的学术盛年，进入白发苍苍的暮年。但是她谦和儒雅的风度和睿智、豁达的笑容却从未改变,这常会使学生们忘记岁月的磋磨。恩师九十华诞将至,虽然她老人家惯常不许学生们特意贺寿,我还是想说:"愿先生健康长寿,愿学生们得沐春风的日子悠远绵长……"

傅世侠先生1933年生于湖北武汉,1956年毕业于北京大学哲学系心理学专业,毕业后留校任教,是我国心理学的奠基者唐钺先生悉心培养的助教。先生在治学上,专注中求精求博,且不囿于书斋,坚守学者的社会责任。从1958年参加中央党校自然辩证法高级研习班始,先生就一直专注于心理学、心理学史和心理学哲学问题研究等交叉学科领域,接轨国际"创造力研究"(Creativity Research)领域,在放眼国际相关前沿进展的同时,坚持走中国特色的治学之路,博采众长而为我所用,最终开辟出"科学创造方法论"这一方崭新学术领地。先生以扎实的心理学基础,从创造主体角度,有别于其他学者从客观逻辑角度研究科学方法,从而在科学哲学领域别树新帜。先生在学术界最先提出"科学创造方法论"概念,并架构了其理论框架:首先确定了科学创造方法论的创造哲学性质,其研究重心在认识主体;其次,指出其特殊关注对象是创造性思维,既要概括创造心理学（创造力研究）的方法论，又要研究科学创造方法（创造力开发）的方法论；最后，提出了创造方法论研究的三原则，即主体性、开放性和多样性原则。在本书中，先生系统探讨了创造过程的一般结构和创造性思维中逻辑和非逻辑思维形式之间的辩证关系，梳理了科学研究中想象、灵感、直觉的发生机理，为后来全面、系统地从思维的过程、意识水平、形式三要点概括创造性思维奠定了基础。《创造》一书出版之时，中国心理学界还鲜有人把创造性思维纳入研究领域，因此先生的研究也为心理学界拓展了学术方向，是名副其实的开拓者。

从这本"小书"中读者还可领略到傅世侠先生在诸多具体学术问题上的开创性意见，择要列举两例：（1）在《创造》一书中，先见性地提出了"集团创造力"概念，并把它与领导能力、创造环境或创造生态等联系起来讨论，这在国内、国际上都属开先河之举，与大科学时代以团队研究为主的科研实践相契合。其后，她主持了自然科学基金项目"科技团体创造力评估模型研究"，成为团体创造力（team creativity）研究方向的开拓者。（2）先生以其广博的视野和敏锐的学术洞察力，在国内首先引介、评价了斯佩里教授对有关裂脑人群体的研究（该成就获1981年诺贝尔生理学或医学奖），并率先对脑功能特化理论的哲学方法论蕴涵以及其教育学寓意和启发价值，进行了系统研究，为后来在全国范围展开的素质教育研究和实践大潮，确立了心理学理论基调。

《创造》是一本为广大读者撰写的深入浅出的"小书"，在此我们以简代繁，把先生关于创造问题的核心思想概括为如下三方面：

首先，人类的创造力，是推动文明进步的"源头活水"。人类灿烂的文明之花，都是人的创造力的结晶。世人皆知，人类社会之外的生命现象，其演化的动力在于"自然选择，适者生存"的进化机制，那么，人类社会的演进，则不再遵循"进化"机制，而是靠人类自身生生不息的创造力来推动。这一核心思想与中国台湾的著名教育心理学家郭有遹先生的"创化说"遥相呼应。

我对先生这方面思想的领悟，还是在北京大学读硕士期间，当时虽已立意追随先生的脚步，但毕竟还有不少认识上的模糊之处，便请求与先生面谈。先生语重心长地开导我说：华夏文明作为人类历史上唯一未曾中断过传承的文明，其复兴确是大势所趋；但复兴的动力是什么？我们没有资源和资金优势，也没有技术储备和管理经验上的优势，可依凭的只有悠久的文化和庞大的人力资源；只有通过充分开发国民创造潜力的"源头活水",才能推动中华民族的复兴大业,一洗近代百年以降历史加诸我中华民族的屈辱。正是这次终生难忘的恳谈,坚定了我要一生追随导师学习的决心,也确立了先生在我心中的"大家"地位。

这一思想,也可同我国改革开放以来的社会发展实践相印证。改革开放发端于"真理标准大讨论","实践是检验真理的唯一标准"为国人创造力的大爆发奠定了基础。直到新世纪的国际形势变化,把整个世界带入了新时代,我国也最终确立了建设创新型国家的国策,对民族复兴动力机制的认识才真正回归到正确轨道上来。

其次,在诸多创造领域中,唯有科技领域的创造行为及其结果,对人类文明发展的影响才是最为根本、深远的。换言之,人类文明的历史,是由不同领域的创造之花连缀而成,在军事、政治、经济、教育、文学艺术等领域,都有闪光的名字、思想和业绩被载入史册;但只有科技领域的创造发明,才能触及文明的底层秩序,并产生持续而深远的影响。目前,全世界都在关注ChatGPT和马斯克,正说明人们已普遍认识到这些科技领域的创造成就,必然会从根本上改变人类文明未来。

中华民族在近代以降的屈辱,使国人领略到"落后就要挨打"的道理。而今的民族复兴,首要任务就是要复兴科技领域的创造活力和大国地位。这也正是当"文革"动乱结束,先生得以重返科研一线后,为什么会把精力优先投注到对我国科技人员现实创造力的测评与开发上;也恰恰是在这一系列研究的基础上,总结催生了《创造》这本"小书",先生专注于科技领域的创造方法问题,她撰写的《创造》一书被纳入辽宁人民出版社出版的《科学方法论丛书》,于1987年出版,并延伸出后来的"科学创造方法论"思想。近年来西方为了延缓中华民族复兴的脚步,出台并实施了种种限制先进技术出口的"卡脖子"政策,这也从另一侧面,印证了先生思想的睿智与洞见性。

其三,创造力至关重要,科技领域的创造力至关重要,那么,结合中华民族的复兴大业,在实践上应如何具体实施呢?按照先生的"科学创造方法论"思想,应首先实现我国科研人员思想认识的解放,在科学创造的方法论层面取得突破。

先生曾指导博士生们做过专题研究,对科技史上杰出人物的传记资料进行统计分析,结果发现:在哲学、形式科学、物理学、生物科学等10个与科学创造相关的领域中,华夏民族所做出的贡献相对于世界的比重,在古代、信仰时代(相当于西方史学的"中世纪"阶段)、近代和现代四个历史阶段,大抵呈现出相似的变化曲线,即在古代较高、信仰时代达到顶峰、近代跌入谷底、现代重新回升；但却有一个领域例外，这就是哲学思想领域。在这一领域，中华民族在古代和信仰时代的贡献同样很大，即使在近代，其他领域都跌入谷底时，我们仍能对世界发出较响亮的声音；但到了现代，我们在哲学思想领域对世界科学发展的贡献却趋近于零。所以，先生才会由衷地认为，要想恢复中华民族在科技领域的创造大国地位，必须首先在哲学思想尤其是科学创造的方法论层面，取得认识上的突破。

本书当年首次出版就颇为成功，广受读者欢迎，而能够把精深的思想简明地说出来并不容易。既要有深入的专业修养，又要能用平实的语言清晰地表述出来。在这本书中先生的叙述就从一个个有代表性的例子娓娓道来，其中的趣味读者自会在阅读中体悟。

《创造》这本"小书"是先生治学思想的源头，企盼众多热爱科学、热爱创造的读者从这一思想源头出发，涌出一股股"活水"，无数清澈的溪流终将汇成大河，推动创新之潮，使中华民族的复兴大业走向成功！

目 录

- 001 / 前言
- 005 / **第一章 创造和创造研究的历史**
- 005 / 一 什么是创造
- 014 / 二 创造始于问题
- 022 / 三 历史上有关创造问题的探索
- 032 / **第二章 创造过程与创造性思维**
- 032 / 一 创造过程一般结构描述
- 040 / 二 创造的逻辑与非逻辑思维形式
- 052 / 三 关于科学美感
- 064 / **第三章 创造性思维的精华——想象、灵感和直觉**
- 064 / 一 想象、灵感、直觉的共性特征
- 074 / 二 关于想象

086 / 三 关于灵感（一）

096 / 四 关于灵感（二）

106 / 五 关于直觉

115 / **第四章 创造才能与集团创造力**

115 / 一 创造才能的智力因素与非智力因素

125 / 二 创造性思维力的开发

136 / 三 创造才能的类型与集团创造力

148 / 四 创造气氛

161 / **参考书目**

前　言

> 他们解释大自然的美妙方法使我不由得心醉神驰。
>
> ——莱布尼茨

创造，多么迷人的字眼。

人人向往创造，人人都能创造。创造并非可望而不可即的事情。人人都有创造的基础，那就是至高无上的头脑。它能学习，善记忆，能识别模式，能解决问题。它不仅具有获取信息、储存信息、检索和利用信息的本领；还能在浩瀚无垠的信息海洋中，进行合理的筛选和特殊的加工处理，通过奇妙的方式和途径，作出惊人的发现和发明。揭开大自然的种种疑团，制造出它的派生兄弟——第二自然，这就是人的创造。只要条件具备，人人都能有效地利用他那智慧无穷的天然"智力库"，从事诱人的创造性科学活动。

人人都能创造，创造需要条件。单凭"自然脑"还不足以完成创造行为。这条件有客观的，也有主观的。仅从主观方面看，一个期望创造者，除了必要的专业知识外，还需要懂得何谓创造、怎样从事创造、如何提高自身创造力，以及掌握一些什么样的创造技巧等。这就是说，创造也是一门学问，它需要人们去研究，去学习；提高创造力是一个过程，它也需要培养和锻炼。虽然，有史以来人们不一定都懂得这门学问，即使终身从事创造活动的科学家和发明家，也未必都自觉地训练过自己的创造力；但人类为了生存和发展，终究创造了一个美好的世界，积聚了庞大的物质财富和精神财富。特别是其中的佼佼者，那些伟大的科学家和发明家，他们为造福人类曾作出过无数精彩绝伦的创造性贡献。所以，如果能把他们从事创造的奥妙加以揭示，把他们积累的经验加以条理化或理性化，使之也转化成可供后人学习和效仿的知识和技能；那么，这就将是一笔比一切财富都更加宝贵的财富，它犹如一把能打开人类心灵宝库的金钥匙，能够帮助人们在从事创造性活动时少走弯路，多走捷径。同时也有助于促进消除社会上各种抑制或阻碍创造力发挥的干扰和屏障，以便充分挖掘和调动仅为人脑所独具的创造潜力，使之最大限度地作用于社会。

20世纪以来，已有不少有识之士在从事这方面的研究，甚至创立了一门新学科——创造学。但我们这里所要探讨的，并不是有关这门新学科的具体问题，而是从方法论的角度，对和人的创造性行为有关的若干方面进行探讨。当然，这并不是说，创造和观察、实验等特定类型的科研方法一样，能够从方法论高度对之提供某些可借鉴的具体准则。而科学家和发明家在从事创造活动的过程中，对一些具体科研方法的妙用，特别是他们那无比严密的逻辑力量的充分施展，以及与之高度和谐一致的各种非逻辑思维形式的灵活调度，其中同样也是大有方法问题可论的。

人们的创造能力，当然不仅体现在科技活动中，而且体现在人类活动的一切方面。无论人们的生产、生活、政治、军事、文学、艺术等活动，还是哲人、智者对宇宙奥秘、社会伦理等的沉思和探索，以及对人类自身认识能力（也包括创造性思维能力本身）的诘问与反思，无不包含着人类创造力的作用。这些是对创造的一种广义的理解。狭义的理解，则一般局限于科学技术的创造与文学艺术的创造这两个方面。我们这里将要呈现在读者面前的，仅仅是有关科学技术创造这个方面的问题。如果我们不时也涉及一些文学艺术创造方面的问题的话，那也完全是为了印证或说明前者。

创造，的确是个引人入胜的课题。尽管对它的研究也能追溯一段颇为久远的历史,而真正把它作为一门科学的研究对象来探讨,实在说来还是不久以前的事。这里还蕴藏着大片处女地亟待开垦。在这片广阔肥沃的土地面前,作者只不过是一个试探着踏入拓荒者行列,还不知脚下泥泞深浅的新兵。但在这里,却企望从方法论上对之窥探刍议,真不知能否给倾心于科学创造的读者奉献一点有益无误的东西。对此作者衷心盼望着热情读者的严格批评和指正。同时还要向所有曾使作者或直接或间接受益的同志致以诚挚的谢意,没有他们的先行开拓或帮助,也不可能完成这本小书。

第一章　创造和创造研究的历史

一　什么是创造

> 什么是路？就是从没路的地方践踏出来的，从只有荆棘的地方开辟出来的。
>
> ——鲁迅

相传约6000年前，我们的祖先已进入原始氏族社会新石器时代。那时，有位至尊无上的神农氏，在人民众多、兽食不足的情况下，他边采集、边尝百草，从而学会了"因天之时，分地之利，制耒耜，教民农作"[①]的本事。同时也学会了就益避危，告诫人民利用草木的不同特性，以治疗疾病的办法。这就是所谓"神农尝百草之滋味，水泉之甘苦，令民知所避就。当

[①] 班固：《白虎通义》一卷。

此之时，一日而遇七十毒"①的古代传说故事。

不言而喻，这个有关远古人类的传说，能说明我们伟大中华民族的祖先，在农业初兴的时代，就已经通过以身试毒的经验积累掌握了一定的医药知识，而并非真有一位神农氏。然而，当生产力发展到一定水平，有人把我国有史以来人们世代积累的医药知识汇集成一部药典——《神农本草经》时，就可以说已经结出了人类智慧最初的创造之果。

一般认为，《神农本草经》是由东汉末年名医张仲景和华佗等，托借神农之名初步撰成，后由华佗弟子吴普修订润色而成书。书中详细记载了365种药名，其中多数为植物类药，也包括动物类药和矿物类药。并注明了药物的产地，其药用部分，配方剂型、剂量，以及服用时间等。根据药物性能、功效的不同和适于不同病情的需要，书中还对它们进行了一定程度的分类，即把它们划分为上、中、下三品。对三品间的关系和配方时应注意的比例，以及用药与患者的病因、病情、身体状况之间的辩证关系等，也都有一定程度的论述。②这说明，《神农本草经》已可称为较系统的药物学著作了。因为著

---

① 《淮南子·修务训》。
② 参见贾得道《中国医学史略》，山西人民出版社1979年版，第77—98页。

作者把前人几千年积累的零散的、不系统的，甚至是杂乱无章、菁芜混陈的经验知识，经过消化和亲身体验，进行分析、筛选、综合、整理、判明、确认，使之达到了一定程度的系统化、理性化，从而上升为可供别人和后人遵循的具有一定规律性的理性知识。所以，堪称一种初步的科学创造。

这样说来究竟应该怎样理解科学创造呢？我们认为，从上述例子中至少能初步看到创造的两大基本特征：其一是它的实践性；其二则是它的创新性。也就是说，创造，首先是一个科学实践的过程；没有科学实践，是断然不会有什么科学创造的。诚然，《神农本草经》并非达到精确的实验科学水平的科学著作，但在相当长的时期里，它实际上曾起到过为人们健康服务的良好作用。这是因为，归根到底它是来自长期医疗实践的真知识，是凝聚了张仲景、华佗、吴普等人扎根于医疗实践之中的创造性劳动的精神产品。换句话说，创造乃是创造者的主观意识活动，通过科学实践而对自然界某一方面或某些方面的合乎规律的反映。不难看出，人们如果不经过所谓"日遇七十毒"（这当然是传说中夸张的描述）这样艰苦的实践过程，则根本不可能获得有关药物各种特性的规律性认识的。

所谓创新性，也即开创性和新颖性。这就是说，光有科学实践，以至在实践中得到某些反映客观规律的正确认识，也不一定就是科学创造。只有那种不同于以至超出前人或别人已有成就的具有一定开创性和新颖性的科技成果，才称得上是科学创造。《神农本草经》尽管是早期作品，但它却是我国历史上流传下来的最早的一部药典。它使前人的经验知识得到了较系统的整理，是开我国药物学研究之先河的具有开创性、新颖性特点的药物学著作。因而说它是一部科学创造的著作，也是当之无愧的。

与之相比，被世界医坛誉为"东方医学巨典"的《本草纲目》的创新性特点，自然更加明显。《本草纲目》为我国明代卓越医药学家李时珍（1518—1593）所修，《神农本草经》正是他所依据的最重要的历史典籍之一。然而，后者较前者无论在内容上还是在方法上都有重大的创新和发展，《本草纲目》成书52卷，载药名1892种，计达190余万言。书中对每种药物的产地、形态、采集方法、炮制过程和功效等，均有较详细的说明。有的药物还设有"辨疑""正误"栏，以纠正前人"本草"中的错误。尤其是，李时珍还根据自身的经验，打破了传统的按病情需要划分药物为上、中、下"三品"的做法，而采取更为客观的按植物、动物、矿物分类的药物分类法，从而把中药分类学向前推进了一大步。为修"本草"，李时珍不仅参阅了近千种医学书和经史百家之作，而且踏遍了深山野谷，走访了千家万户，经历了无数次成功和失败的试验。最后终于以自身之所得，批判地继承旧说，阐发自己的新说，在积几千年经验知识之精华的各种"本草"旧作基础上，又增添了由他新发现的374种药物。[①]可见，《本草纲目》这颗祖国医药学宝库中璀璨夺目的明珠，实在是李时珍付出毕生艰辛，发挥了巨大创造力的科学劳作的产物。

在欧洲，18世纪著名瑞典博物学家林耐的创新性贡献，与李时珍的贡献有一定类似之处。林耐游学各国，访问了许多著名博物学家，并亲自搜集了大量植物标本，后在其名著《自然系统》中，创制了影响至今的植物分类"双名命名法"（又称"二名法"）。"二名法"的创制，使得在这之前长期混乱的植物名称从此归于一统。这不仅在植物分类学史上产生了重大影响，而且为整个生物分类学研究创造了最基本的条件，故而成为生物分类学史上一个重要的里程碑。

我们从上述例证中看到，大凡以科学观察为基本研究方法的科学创造，可以说都具有创造者在科学实践中，通过观察而发现新事物、新现象、新特性，或者说从经验观察（包括接受前人或别人的经验和自己的观察）上升到理论概括（如系统化为一种新的观念、新的认识体系、新的方法，等等），从而取

[①] 详见李时珍《本草纲目》校点本，人民卫生出版社1957年版。

得创新性认识的共同特点。诚然李时珍、林耐等所取得的创造性成果,实质上都属于传统生物学的研究范围,所采取的主要是经验观察的方法。其实,也不仅是这一种类型的科学创造具有通过实践取得创新的特点。纵观全部科学发展史,可以说任何科学创造概莫能外。我们知道,在西方科学史上,真正的实验科学,也即所谓经验自然科学,形成于15世纪后半叶。横览各学科领域,诸如天文学、力学领域由哥白尼、开普勒、伽利略、牛顿等人提出或完成的太阳中心说、天体运行论、惯性定律、万有引力原理;物理学领域能量守恒与转化定律的发现,电磁理论的建立;化学领域氧化理论的建立,元素周期律的发现;生物学领域的细胞学说、达尔文进化论和生理医学方面血液循环理论的建立,等等,可以说无一不是经历过这样的基本过程。只不过由于各门学科性质的不同,因而所采用的观察(或观测)和实验的具体方法不尽相同;特别是随着各门学科观测手段和实验技术的不断更新和发展,有时这个过程表现得不像上述例证那样明显。

20世纪初开始形成,并得到迅猛发展的现代自然科学的新发现,从根本上说情况也是一样。固然现代自然科学与以伽利略—牛顿时代为代表的经验自然科学相比,已不那么直观,因而对于某一项科学发现来说,未必一定能直接看到从经验观察到理论概括的实际过程。例如20世纪初爱因斯坦创立相对论，就不是直接依据他亲身的实验观察而作出理论概括的结果。然而仔细分析，归根到底它仍是从经验到理论的科学创造。首先，我们不能割断历史来看待任何一项科学发现。既要看到爱因斯坦创立的相对论，是克服了牛顿经典力学之不足的科学创新；同时还应看到，它也是牛顿经典力学长期准备的结果。也就是说，它也是从经验自然科学发展而来的理论自然科学的创造。其次，从狭义相对论创立的实际过程本身来看，如果没有从19世纪下半叶开始的一系列有关所谓"绝对以太"的观测和实验（例如著名的迈克耳孙—莫雷实验），就不可能充分暴露牛顿经典力学的理论矛盾，爱因斯坦也就不可能作出他的理论创造。当然这并不是说，爱因斯坦的狭义相对论就是从当时已有的观测和实验中直接导出的，这里还有着爱因斯坦个人创造性思维的特殊作用。而完全撇开当时物理学发展的实际背景来看待爱因斯坦相对论的创立，也是不符合客观事实的。所以，总的来说，现代自然科学，特别是理论自然科学的创新，不可能还像近代自然科学一样，从经验到理论的过程表现得那样直观、明显。但只要对它们进行历史的、逻辑的分析，我们就会看到，它们本质上都是通过科学实践而从经验积累达到理论飞跃的结果。

上面涉及的主要都是以探索未知为目的的自然科学新发现的科学创造问题。科学创造问题还有另一方面，一般来说就是以把自然科学成果转化为直接生产力为目的的技术上的发明创造，也有直接在生产实践中进行探索的技术发明创造。总的来看，科学发现一般表现为诸如发现新事物、新现象、新特性；给出新概念、新原理、新定律；提出新观点、新假说、新理论；等等。技术上的发明创造则主要表现在技术设计或产品制造等方面。其主要形式则如为新的设计或制造提出新思想、新方案；开发新产品、新工艺；作出新改革、新发明；等等。这方面的实例举不胜举，自不赘述。

与创造的实践性和创新性这两个基本特征相关，还有一个创造的社会效果问题。也就是说，一个科学创造能否成立，重要的是它能否产生有益于人类社会的实际效果。对于科学发现来说，就要看它是否为人们提供了认识自然规律的新知识；而对于技术发明来说，则要看它是否有益于发展社会生产或改善人们的生活。从最终目的来看，科学发现往往也要通过技术改进而起到促进生产发展或改善人们生活的作用。但也不排斥科学发现在一定阶段上，仅以认识成果的形式出现。由此看来，科学创造不仅来源于实践，还必须经受实践的检验，即通过科学实验、生产实践等的验证，才能判定能否最终成立。判定的过程也许会有种种曲折,例如并非都是一次性判定就能得出最后结果,但作为能取得实际社会效果的科学创造来说,这个来源于实践并以实践为终局的客观过程,则是必然的,不可避免的。

最后,科学创造者的创造力的充分发挥,是科学创造的第三个基本特征。也就是说,并非任何一般性的科学实践活动,都能获取创新性成果;而只有充分发挥了创造者科学创造力的科研实践活动,才有可能作出科学创新。如前述爱因斯坦创立的相对论,便不仅不是已有实验观测结果的简单堆砌,也不是从经验事实中进行简单归纳的产物;而是爱因斯坦充分发挥了他非凡的知识力和理解力、星驰雾列的联想力和想象力,以及洞若观火的直觉洞察力等出众的创造性思维能力的结果。

由于科学创造终归是某个个人或某个创造集体发挥特有创造力的结果,所以它总是具有一定的独特性,因而人们也往往称创造性为独创性。也就是说,创造总是具有一定个性的创造,它总是打有某个科学家或发明家,或某个科学集团或学派的个性色彩和烙印。这正如众多的文学艺术作品不仅各有内容上的殊异,而且纵令同一题材也没有一件作品不充分表现出不同作家或艺术家特有的风格一样。爱因斯坦创立相对论独占鳌头似不易作比,但却不可由此断言,如果同一时期尚有另一个人独自提出了反映宇宙时空相对性规律的"相对论",竟会与爱因斯坦的表达一模一样。在科学史上,迈尔、焦耳等人几乎同时独立地发现能量守恒原理,达尔文与华莱士几乎同时独立地发现物种进化规律,但他们彼此都有各自独创的特点,这些都是有史实可以查证的。这也可谓之为科学创造的个性特征。唯其如此,研究和揭示科学家和发明家创造性思维的内在机制和创造才能个性特征的一般规律性,就成为一个需要在方法论上加以探究的不可忽视的问题。

二 创造始于问题

> 问号是开辟一切科学的钥匙。
>
> ——巴尔扎克

技术上的发明创造,一般都是由于生产中有某种需要,为满足这种需要而提出了必须解决的问题。有时问题的提出似乎就是由于对技术本身的钻研,但归根到底仍是出于某种实际需要。号称"发明大王"的美国科学家爱迪生,一生中有1000多项发明创造,其中不少就是根据实际需要,并不断地从对技术本身的钻研中寻找和发现问题,而后经过努力取得成功的。比如他是实用电灯的发明人。我们知道，自从18世纪末美国科学家富兰克林揭开雷电之谜后，曾有不少人想解决利用电光照明的问题。19世纪初英国化学家戴维，就曾用一组电池、两根炭棒制成了人类历史上第一盏弧光灯。与他同一时期也还有别人发现过电弧。英国科学家法拉第于1831年发现电磁感应现象后，欧洲许多国家的科学家都纷纷瞄准了电力照明这个目标。有的沿着戴维的方向研究弧光灯，也有的利用金属、石墨等做耐热材料试验研究白热灯。爱迪生对这一切都做了详细的研究、分析，并进行了实际试验。证明弧光灯照明度虽高但光线过强，费用也高，不实用；白热灯尽管光度弱，但耗电省、成本低，有实用价值。然而，能延长使用寿命的耐热材料却不好找。为了解决这个问题，他和助手们试验了各种金属、石墨、木材、稻草、亚麻、马鬃，以至人的头发等计达1600多种材料。当时，煤气灯已有较长时间的使用历史，爱迪生又对煤气灯做了多方面的研究和比较，以便设计出一种比煤气灯更为简便实用、价廉物美的电力照明灯。经过千百次的试验，最后终于利用碳丝做成了灯泡，成功地点亮了世界上第一盏有实用价值的电灯。后经进一步努力，爱迪生又完成了一整套配电系统的研制任务。从此，电灯便逐渐地完全代替了煤气灯。

爱迪生发明电灯的事例清楚地表明，发明创造必须始于问题。也就是说，只有带着明确的需要解决的问题，特别是对那些前人没有解决的难题从事科研实践，才有可能从中作出发明创造。反之，盲目的、无问题的实践，即使也能积累一些有用的经验，却难以取得有创造性的成果。在这个过程中，既要尽量吸取前人和别人的经验，又不应受已有经验的局限，而且还必须在已有经验基础上，根据新情况不断地发现新问题和提出新问题。只有这样，才能实现创新。

在科学发现的历史上情况也是如此。可以说，任何科学发现，无不是从揭露矛盾、提出问题开始的。大量的情况是由于新的观测或实验事实，与旧有的理论观点或理论体系发生了矛盾，从而提出了新的问题。随着问题的解决，或是拓展了领域，或是从根本上改变了原有领域的方向，引起了观念上以至整个理论体系上的革命性变革。在完成这种变革中，能否摆脱传统观念的束缚，往往成为一个至关重要的问题。通常，人们在习以为常的事实或理论观点面前，或是看不到已出现的矛盾因而提不出问题；或是面对矛盾，却不能用全新的观点来看待实际存在的问题而失去了成功的机会。在这种情况下，则总是那些敢于抛弃传统观念，正视矛盾，提出问题，具有远见卓识的人物，能够取得独树一帜的创新性成就。化学发展史上氧化理论的建立过程，就是明显的例证之一。

一般认为，18世纪法国化学家拉瓦锡是氧化理论的创立者。但在他完成这一重大发现之前，实际上有好几位著名化学家已经通过大量实验工作取得了实质性结果。然而，他们虽然已经发现了氧化现象，却始终受到当时占统治地位的错误理论"燃素说"的束缚，因而没能站在新的高度提出问题。"燃素说"这一理论认为，在可燃烧的物质中都存在着所谓"燃素"，物质燃烧时它便以光和热的形式外逸出去，剩下的便是所谓"燃灰"。按理，这种"燃灰"都应比未燃烧前的物质轻，因已失去了"燃素"。实际情况却是金属物质燃烧之后反而更重了。这正是英国化学家普里斯特利、瑞典化学家舍勒、俄国化学家罗蒙诺索夫等人，早在拉瓦锡之前就已分别在自己的实验中发现了的事实。拉瓦锡的实验也得到了同样结果。与上面那些学者不同的是，他不仅不满足于实验事实材料的收集，而且更不像普里斯特利那样，为了适应"燃素说"，硬是把新发现的"氧"说成是什么"脱燃素的空气"。拉瓦锡摆脱了旧有理论观点的束缚，因而能针对新的实验事实与旧有理论之间的矛盾而提出新的问题。并且以更为精巧的实验，不仅对氧化现象作了定性分析，而且也作了定量分析。最后于1781年，也就是舍勒1773年发现氧化现象近十年后，拉瓦锡终于在《酸的性质及其组成要素》论文中，正式提出了化学史上前所未有的"氧"概念，确立了燃烧的氧化理论。这一理论的确立，从根本上改变了化学的旧有理论框架，成为创立科学的化学理论体系的逻辑起点，从而在化学史上完成了一次深刻的革命。

有时，表面看来，问题的提出并非出于旧有理论与新的观测或实验事实之间产生的矛盾，而是由于理论本身在逻辑推论上有问题。但细究起来，逻辑矛盾归根到底还是由于新发现的客观事实与旧理论之间产生的矛盾所致。19世纪以前，"以太"是牛顿力学理论框架内一个极为重要的概念。物理学家们普遍认为，"以太"是一种能穿透一切的物理介质，既充满于整个宇宙空间，也充满于所有的物质内部。借助于这一概念，不仅在牛顿力学理论框架内，建立了如波动光学理论、运动媒质的电动力学和光学理论，以及赫兹的"以太漂移说"、洛伦兹的"静止以太说"等理论和学说；而且，它们反过来又使牛顿力学的经典理论也显得更臻完美。然而，1861年麦克斯韦的电磁理论提出后，却出现了人们始料未及的情况。人们认为麦克斯韦的电磁理论，不仅不与牛顿力学的经典理论相抵牾，而且还使得既被看作传播光波的基础，又被看作引起带电体和磁化物体之间相互作用原因的所谓"以太"统一起来了。麦克斯韦甚至还由此建立了把所有涉及光、电和磁现象都结合在一起的优美的数学模型。然而，正是麦克斯韦电磁理论与牛顿力学之间潜藏的逻辑矛盾，导致了爱因斯坦相对论的创立。

麦克斯韦的电磁理论表明，光是能够在真空中以有限速度传播的电磁波，而波的传播则必须有介质。麦克斯韦认为，"以太"正是这样的介质。但是，按照牛顿力学原理，一切运动都是相对于绝对静止的参考系而言的，充满宇宙的"以太"则是衡量地球运动的参考系。但大约以每秒30公里的速度绕太阳运行的地球，却未使居住在地球上的人们感觉到同样速度的"以太风"。那么，已为麦克斯韦理论"证明"的宇宙以太介质究竟是否存在呢？如果说它是存在的，那么它或许就是也随同地球上的物质一起运动着。然而这样一来，"以太"也就不能成其为地球运动的绝对静止的参考系了。所以，这也就出现了一个在逻辑上难以自圆其说的矛盾：无论哪一个前提成立（或是根本不存在什么"宇宙以太介质"；或是"以太"根本不是什么绝对静止的运动参考系），结论都将危及牛顿力学的经典理论。面对这样一个由逻辑矛盾以及其他矛盾（如物理学家们发现，尽管承认"以太"是一种物理介质，却无法用描述气体、液体和固体等常见介质的办法来描述它）所提出的问题，物理学家们也进行了大量的观测与实验研究，结果都表明，观测和实验所得的事实都很难为"以太说"所容纳。但是，在大量事实面前，科学家们却始终受着"以太说"的束缚，因而陷入难以解脱的矛盾之中。只有爱因斯坦在这一矛盾面前，以他那超群出众的直觉力，径直对"以太说"本身提出了疑问。这便使他在全新的起点上另外提出了两条基本原理，即相对性原理与光速不变原理，从而彻底抛弃了"以太说"，创立了在根本上区别于牛顿力学的相对论力学。

以上事例表明，科学发现与技术发明一样，归根到底是由于现实中提出了问题，从而促使科学家或发明家发挥创造力使问题得到解决的结果。在科学史上也有这样的情况，有的问题的提出，既不是由于新发现的事实与旧有理论之间产生了矛盾，也不是由于理论本身出现了逻辑上的不一致性；仅仅是由于创造者面对旧体系中某些不尽合理之处或不和谐性时产生了不满或怀疑。如数学史上非欧几何的创立，主要就是从对欧氏几何第五公设的普适性产生怀疑，进而不断探索解决途径的结果。在数学以及其他学科领域的历史上，一些有预见性的猜测或猜想（如哥德巴赫猜想），通常也会成为推动科学家不断探索并导致新发现的问题。总之，创造始于问题是毋庸置疑的。

还需要提出的，是有关科学创造中的机遇现象。所谓机遇，即指某些偶然性事件有时也有可能成为导致一项创造发明的诱因。这种情况往往不是科学家或发明家预料之中的事情，当然也就不是他们原本提出而要去解决的问题。然而，当某种偶然现象一旦成为被科学家们捕捉到的机遇时，就实际上成为了需要他们有准备地去解决的问题了。

综上所述，我们可以说，创造的过程就是一个从提出问题到解决问题的过程。但要注意的是，我们不能因此认为解决问题就是创造。一般说来，在科学研究中对任何具体问题的解决，都需要一定的创造性，而且这正是取得创造发明成果所必需的基础。然而，日常科研活动中创造性地解决问题，与通过解决问题而达到发明创造之间，尽管具有密切的联系，但它们终属不同层次的过程。所以，认为解决问题与科学创造之间没有严格的界限，或是绝对割裂两者之间联系的看法，都是不尽合理的。

总之，创造始于问题，终于问题的解决。而问题归根到底来自社会的需要。因此，作为一种社会现象来说，科学创造的根本作用就在于满足社会的物质生产和精神生产的需要，并且推动这种需要不断地向更高水平发展。因而它在根本上正是一种起着推动社会发展作用的、具有进步意义的社会现象。

三 历史上有关创造问题的探索

——大自然到底能否究诘呢?

——歌德

古希腊神话中最为感人的神话之一,就是关于普罗米修斯创造了人类,并给人类送来火种,使人间从此有了火,有了光明的故事。普罗米修斯是巨神伊阿珀托斯和预见女神忒弥斯的儿子,所以他既有力量和智慧,又深谋远虑有预见。他在弟弟的帮助下,按照神的形象用泥和水创造了人,并且赋予人以生命。一次,他违抗了最高天神和众神之父宙斯的禁令,趁太阳神驾着太阳车从天空驶过时,偷偷地把一根木杆伸到太阳车的火焰里点燃,然后把它带到了人间,人类从此有了火。后来,普罗米修斯因为盗天火被钉在高加索山顶的峭岩上,受尽了宙斯的惩罚和折磨,但他为人类所创造的一切,却永远地流传了下来。

这个悲壮的神话故事,当然是古代人们凭借丰富想象力的艺术创造。但它生动地表明,人们是那样地敬仰和崇尚富于智慧和力量的巨神普罗米修斯。这不仅因为他为人类作出了巨大的牺牲，而且因为他给人类的生活带来了伟大的创造。这种对神力的崇敬，恰恰反映了人们对自身所具有的牺牲精神和创造才能的崇敬。无独有偶，在我国也有一个有关远古人类生活的美好传说。它说的不是神创造了人和给人带来了火种，而是说我们的祖先早期曾经历过一段所谓"燧人氏时代"。当时有一位超群出众者名叫燧人氏，由于他教会了人们"钻燧取火，以化腥臊"，人们从此便学会了吃熟食。熟食的出现，是真正开始有了人的生活的重要标志，只有经过这个阶段，人类才有可能得到进一步发展。当然，这个传说也是后来的人们对自身创造能力的形象化表达，并非真有燧人氏其人。但这个东方的关于人的古老传说，则较之西方的关于神的传说，更为朴素地说明了不需要神，人也能创造一切的真实道理。

如果说大自然像斯芬克斯①那样给人类摆下了种种难解之谜的话，那么，关于人自身的创造力究竟是怎么回事，大概是所有难解之谜中最为难解的一个。由此，也必然激励着古往今来的人们不断地去研究和探讨。最初的探索自然是古代哲人们的思考。因为创造，首先涉及的就是"一切从何而来"的问

---

① 斯芬克斯（Sphinx）是古希腊神话中一个狮身人面的女妖，她专在古埃及一个城郊路口给过往行人提出难解的谜语。所以后人常以她象征难解之谜。

题,这实质上是一个宇宙观或世界观的问题。难怪在拉丁语系中,"创造"(英文为Creation),与"宇宙""世界""上帝""天地万物"等都是同根词。古希腊影响最大的唯心主义哲学家柏拉图,在其著述中就把一切创造都归之于神对宇宙的力量来探讨。在他看来,整个宇宙或世界以及在其间运动着、生活着的生物和人们,都不过是"永恒之神"的影像或摹本。如果说人们也有永恒的创造力的话,那正是来自其原本——"永恒之神"。他还认为,由于神造出了太阳,于是便有了日与夜的相续相随,而日与夜、月与年的景象创造出了关于数目的知识,于是人们便有了时间的概念而且还能学习数学,以后便有了其他一切知识,以至有了哲学。[①]显然,柏拉图的这种观点,虽然实质上表明了创造来源于对自然的认识,来源于关于永恒地运动着的宇宙规律的知识,但这种神秘主义的说法,无助于对创造本质及其规律进行揭示。

最初把创造当成人的本性、人的活动来对待,从而把人的创造性思维能力作为一种客观对象加以研究的是亚里士多德。亚里士多德把人的思维活动看成有规律可循的,并在这个前提下创立了一门以人的思维活动规律为研究对象的学问——形式逻辑。形式逻辑所揭示的思维规律,尽管不完全等同于人创造

---

① 罗素:《西方哲学史》上卷,商务印书馆1981年版,第191页。

性思维活动的规律，但也的确是创造性思维所不可缺少的一部分。亚里士多德对创造研究的影响并不仅止于形式逻辑。如他在《物理学》一书中曾说："思想的机能是它能在形象中想到形式。"①另外还谈到，当人心在两个以上的形象中发觉某一共同点时，那就是思维的开始。而且，思维的对象虽是一般性的东西，但思维总离不开形象的帮助，这正如几何学讲到三角时，尽管并不问三角的大小，但要绘图来说明三角却总不能绘出无大小的三角一样。②亚里士多德的这些思想，虽然主要涉及哲学上有关感性与理性、特殊与一般、现象与本质等认识论、辩证法的问题，但对于后来人们研究形象（或意象）在创造性思维中的作用，以及形象思维在创造性思维活动中与抽象思维的关系等方面，也是有积极意义的。他在有关心理学的思想中，提出诸如"相似""对比""接近"能产生"联想"的说法，同样至今仍具有影响。

对创造问题从哲学的思考到逻辑学和心理学的探究，是自古代到近代科学发展过程中，两条颇为明朗的线索。随着近代自然科学的产生和发展，有的哲学家在认识论和方法论探讨

---

① 转引自韦卓民《亚里斯多德逻辑》，科学出版社1957年版，第34页。这里所说的"形式"，是亚里士多德哲学中的专门用语，意指事物的本质。

② 参见韦卓民《亚里斯多德逻辑》，科学出版社1957年版，第34页。

中进一步发展了逻辑思维规律的研究,同时也起到了推动创造思维规律研究的作用,其突出代表是16世纪英国哲学家弗兰西斯·培根。培根极为重视创造发明,强调知识应当在实践中起作用,科学应当应用于生产。历史上甚至传说培根的哲学成就,主要就是受一位陶器师的创造发明取得成功的事例的启发。事实上,培根在他的名篇《新工具》中,的确说过赞颂那位曾因搞发明创造一度弄得倾家荡产的陶器师的话。如他说:

> 各种科学的真正的与合法的目标,简单说来就是用新的发现和能力来丰富人类的生活。大多数人对于这一点没有感觉。他们的思想永远不会超乎赚钱和他们本行中的日常工作的范围。不过有时也会发生这类情况:一个特别聪明的和有志气的手艺人致力于一项新的发明,而一般说来,就在这个过程中倾家荡产。[①]

可见,人们认为培根所指的正是那位一心探求白珐琅的秘密终于取得成功的陶器师,不是没有原因的。不过这主要还是表明了培根哲学与发明创造之间的联系。

---

① 参见〔英〕班加明·法灵顿《弗兰西斯·培根》,生活·读书·新知三联书店1958年版,第9—11页。

培根不仅重视发明创造，而且对他那个时代的科学研究和技术发明的经验也做了初步总结，并在此基础上对一般方法论的问题进行了研讨。由于培根十分重视感性经验在人的认识中的作用，所以也强调经验归纳方法在科学研究中的特殊意义。他在《新工具》中第一次确立了归纳方法的重要地位，对科学认识过程中的排除—归纳法做了较系统的研究，并且创立了近代归纳逻辑。培根对逻辑学的这一贡献，可以说是对亚里士多德最初确立的演绎逻辑的一个必要的补充。不过培根把归纳法加以绝对化，以至贬低演绎法在科学认识中的作用则是片面的。我们今天谈论创造思维过程中逻辑因素的地位和作用时，实际上正是包括归纳和演绎这两个基本方面。比培根稍后的法国哲学家笛卡儿，同样也极为重视科学发现和技术发明对于实际生活的意义，但他同时对演绎法亦颇有研究。这从一个侧面说明，对于科学创造来说，归纳和演绎都是不可或缺的逻辑思维形式；而且，只有它们之间的有机结合，才能真正起到推进创造思维的有效作用。

与逻辑学的研究并行不悖的是心理学的研究，特别是19世纪下半叶心理学开始从哲学母体中分离出来，逐渐走上实验科学轨道以后。建立在传统实验心理学基础上的各种心理学理论问题的探讨和应用研究，实际上都可说是从一些特定角度，为揭示创造奥秘做了准备。例如：

1. 沿着传统实验心理学途径发展起来的对各种心理过程，如表象、记忆、想象、思维等认知过程，以及情感过程、意志过程的研究，对于揭示这些心理过程各自在创造活动中的作用，具有重要意义。如我们将会看到，"想象"这种心理现象，在科学创造中的作用就是十分特殊和极为重要的。

2. 个性心理学的研究，对于揭示科学创造才能的个性心理品质，创造个性与集团、教育和社会环境的关系，创造的动机，创造才能与智力因素和非智力因素的关系等，都有积极作用。

3. 儿童心理学和教育心理学的研究成果，则有助于探讨科学创造才能的识别和培养问题。而且，它们甚至有可能对建立创造才能特殊模型具有启发意义。

4. 生理心理学、神经心理学、病理心理学，以及比较心理学的研究成果和方法，对揭示创造个体的心理的、生理的、神经的、遗传的等更深层次的机制，大有裨益。

5. 除了从个体的、发育的角度看待科学创造外，科学创造也是宏观社会的一个重要方面，是与社会生产力诸要素均有着密切联系的环节。因此，社会心理学的某些研究，与科学创造规律的揭示也有着重要关系。20世纪四五十年代发展起来的工程心理学和管理心理学，则直接与人在生产劳动过程中的创造心理问题有关。

总之,心理学的各种研究都有助于科学创造心理规律的揭示。所以,在心理学方面的已有成果,实际上存在着大量有关创造问题研究的宝贵财富。

在近代西方心理学史上,曾先后出现过一些各有建树,同时也各有失误的心理学派别。这些学派的理论观点和实验研究,均不乏与创造心理研究直接或间接相关的方面。其中如格式塔学派(Gestalt Psychology,又译为完形学派)就曾对创造性思维有过直接研究。最为引人注目的便是该学派创始人M. 韦特海默和W. 苛勒的工作。苛勒曾以黑猩猩作为实验对象,用七年时间研究了黑猩猩的学习和智力问题,并且指明了"顿悟"(insight)现象在解决问题过程中的作用。韦特海默还把这一成果直接运用于人的创造性思维研究中,并且发表了专著《创造性思维》(1945)一书。

由此可见,当我们回顾人类有关创造问题的探索时,不能不看到如此明显的两条线索,即从哲学探讨开始,逐渐区分为逻辑的研究,与侧重于"顿悟"等心理因素分析的非逻辑的研究这两个方面。它们虽各有侧重,但对于揭示科学创造规律来说,都是不可缺少的。科学创造是一个过程,因而总是表现出一定的阶段性。对于不同阶段的注意,便决定了是逻辑的研究方面，还是非逻辑的研究方面更为需要。虽然非逻辑思维形式的研究，对于了解创造过程特定阶段的规律性具有特殊重要意义，但并不等于逻辑的研究对于揭示创造思维规律就是毫无意义的。

20世纪四五十年代以来，情况有很大发展。一方面是有关创造心理的研究，呈现出形成一门相对独立的创造心理学分支学科的趋势。另一方面，在逻辑研究上，则主要是以逻辑实证主义哲学为桥梁，而逐渐形成的一个具有广泛影响的关于科学逻辑研究的学科门类。如一些著名科学哲学家在科学逻辑的研究中，往往都涉及有关科学发现方面的创造性思维的问题。

此外，与计算机科学发展相适应的有关机器思维的研究，促进了人工智能科学的产生和发展；这种研究与实验心理学有关研究相结合，实质上又促进了创造思维研究的逻辑学方面与心理学方面，在更高水平上的融合。沿此方向，H. A. 西蒙、P. W. 兰利、G. F. 布拉德肖等人设计出一种启发式搜索程序，把它输入计算机即可模拟人类的创造发明过程。在20世纪七八十年代已重新模拟发现了波义耳定律、开普勒第三定律、库仑定律、欧姆定律和伽利略加速度定律等物理学定律，并给出了它们的表达式。当然，其时这些研究结果还是初步的，但历史证明它的发展前景却是异常广阔的。

除了哲学、逻辑学、心理学,以及计算机科学和人工智能在这方面的研究外,从技术开发的角度,探索激发创造发明的方法和技巧的研究,也大有进展。而且,这方面的突破使得作为多学科汇合点的"创造学"的产生成为可能,并已开始显示其生命力。

总之,创造是一门学问。它经过的曲折历程,是几千年里人类勇于探索大自然及自身奥秘的见证。不是普罗米修斯赐给人间"火种",也没有燧人氏那样的先知,创造是人类自身的本领。探索创造的规律,开发人类自身创造思维的潜力,同样也是人类自身的责任。

第二章 创造过程与创造性思维

一 创造过程一般结构描述

> 我解决过的每一个问题都成了一个模式,我以后用它来解决其他问题。
>
> ——笛卡儿

昨夜西风凋碧树。独上高楼,望尽天涯路。

衣带渐宽终不悔,为伊消得人憔悴。

众里寻他千百度,回头蓦见,那人正在,灯火阑珊处。

这是我国著名晚清学者王国维,在《人间词话》(1908)①中,以借喻的手法所描述的有关做学问的"三境

---

① (清)王国维著:《人间词话》,滕咸惠校注,齐鲁书社1982年版。

界"。所谓"三境界",实指进行创造性思维的三个步步深入的阶段。上述第一句即第一境界,也即从事创造活动的"悬想"阶段;第二句即第二境界,则为"苦索"阶段;第三句即第三境界,便是经悬想和苦索后,所达到的灵感爆发也即对问题的解决有所"顿悟"的阶段。王国维荟萃古代诗词佳句,把创造者从悬想到苦索再到顿悟(或灵感爆发)所经历的"三阶段",描摹成一个倾心的热恋者在追逐意中人时的心境跌宕,可说是绘声绘色,跃然纸上。从他简赅精当的描绘中,我们好像看到一位执着书生,夜以继日埋首于如烟似海的浩繁卷帙之后,高瞻远瞩,独辟蹊径,于遐思绵绵、想入非非之际,脑海里渐渐形成自己理想中"恋人"形象的悬念;于是在茫茫中追寻着,矻矻求索,如痴如狂,一直熬得消瘦憔悴也不心灰;忽然一天,一瞬闪亮,原来朝思暮想、千寻百求的"心上人",就在那稀落灯影下嫣然相迎。其实,这一生动描绘,也正是王国维本人创作体验的自述。而他所反映的尽管是一般做学问的特点,但同样也能体现一个科学家在创造活动中那种步步深入直至豁然开朗的情景。

创造活动一般采取何等形式或结构进行,是宏观地考虑创造思维规律首先遇到的问题。上述王国维的"三阶段"模式,虽然侧重的只是创造者心理活动的描述,但这种分析思路也是具有一定启发性的。除此而外，国外也有不少研究者提出过各种"三阶段""四阶段""五阶段"，等等，诸如此类的结构模式。下面先看几种"三阶段"模式：

（1）W. 萨尔蒙提出的模式：假说的发明—"似乎可能性"的考虑—检验论据；

（2）美国当代著名创造工程学家、创造学奠基人奥斯本提出的模式：寻找事实—寻找构想—寻找解答；

（3）美国兰德公司的特里戈和凯普纳提出的模式：发现问题—分析原因—最终决策。

显然，这几种"三阶段"模式，都不像王国维模式那样，只是侧重于创造者心理活动的描述。它们虽不排斥创造者心理活动因素，实际上却多侧重逻辑因素分析方面。20世纪初美国实用主义哲学家杜威，在其名著《我们如何思维》（1910）一书中提出的"五阶段"模式，则明显地是从逻辑思维活动的角度提出的。这个"五阶段"的模式是：

（1）感到某种困难的存在；

（2）认清是什么问题；

（3）搜集资料，进行分类，并提出假说；

（4）接受或抛弃试验性的假说；

（5）得出结论并加以评论。

人们一度认为，杜威的模式是经典性的，似乎它表述了创造性思维过程的"最终公式"。但在我们看来，这一模式与王国维模式恰恰相反，它又忽略了诸如顿悟、灵感等非逻辑因素在创造过程中的作用。20世纪以来，不少心理学家和非心理学的科学家，对一些著名学者的创造性思维特征进行了分析。所分析的原始资料，有的即来源于创造者本人提供的极为宝贵的自我体验报告。从这些分析看，各种非逻辑因素在创造过程中具有特殊的重要作用毋庸置疑。所以与杜威不同，不少研究者在探索创造过程的结构模式时，都把非逻辑因素作为重要环节考虑进去。由此也有走入另一极端的情况，即把创造发明过程的研究，简单地归之于创造的心理学问题，而认为与逻辑学毫无关系。如著名英国科学哲学家波普尔就明确认为，科学发现这样的创造过程，与逻辑分析是毫不相干的。很明显，如果接受这种观点，就有可能出现两种完全相反类型的科学创造结构模式，即：或是纯逻辑型的，如杜威式的结构模式；或是与逻辑无关的非逻辑型的，如王国维式的结构模式。然而，这种割裂未必能真实地反映创造性思维的实际过程。

更多的学者倾向于把创造过程中的逻辑因素与非逻辑因素联系起来考虑，即把它们囊括于一个统一的结构模式中作系统的分析。事实上，也确有不少研究者在这个思想前提下，提出了各种"三阶段""四阶段""五阶段",以至"七阶段"的创造模式。有的还在各阶段中又细分出各个不同层次的小步骤。较早的如英国心理学家G. 沃勒斯的"四阶段说",是比较有代表性的。[①]沃勒斯在其《思考的行为》(1926)一书中提出,无论是科学的或艺术的创造,一般都要经过四个阶段。即:

第一阶段,也就是创造的准备期。它包括发现问题、收集资料,以及从前人的经验中获取知识和得到启示。

第二阶段为酝酿期。这一阶段主要是冥思苦索,其中也包括利用传统的知识和方法,对问题作各种试探性解决。

第三阶段为明朗期。也就是在上一阶段酝酿成熟基础上脱颖而出,豁然开朗,亦即突然出现灵感或产生顿悟的时期。只有这个阶段才摆脱了旧经验、旧观念的束缚,产生超常的新观念、新思想。

第四阶段即验证期。也即对灵感突发时得到的初具轮廓的新想法进行检验和证明。这也就是利用逻辑的力量,以检验其理论上的合理性与严密性;利用观察、实验等方式,证明其事实上的可能性等。不完备处则可在验证阶段予以修正。

---

① 参见[美]R. S. 武德沃斯等《实验心理学》,科学出版社1965年版,第801页。

沃勒斯以后，还有不少人提出各种分阶段创造模式，但分析起来，这些模式在基本思想上都与沃勒斯相差无几。

如著名法国数学家J.阿达马的"四阶段"模式：准备—酝酿—豁朗—完成；

著名法国数学家、物理学家和天文学家H.彭加勒的"四阶段"模式：收集—酝酿—发现—证明；

苏联学者Γ.戈加内夫提出的"五阶段"模式：提出问题—努力解决—潜伏—顿悟—验证；

苏联创造心理学家A.H.卢克提出的"五阶段"模式：明确地了解和提出问题—搜索相关信息—酝酿—顿悟—检验。

有趣的是，加拿大内分泌专家、应力学说的创立者C.塞利尔，把创造与生殖过程相类比，提出一个"七阶段"的模式[①]：

（1）恋爱与情欲：指科学家对真理追求的强烈愿望与热情；

（2）受胎：指发现和提出问题及资料准备等；

（3）怀孕：科学家孕育着新思想，开始，科学家自己甚至也可能没意识到；

（4）痛苦的产前阵痛：这种独特的"答案临近感"，只有

---

① 参见［苏］A.H.卢克《创造心理学》，俄文版，1978。

真正的创造者才能体会到；

（5）分娩：使人愉快和满足的新思想诞生；

（6）查看和检验：像检查新生婴儿一样，使新思想受到逻辑和实验的验证；

（7）生活：新思想受到考验并证明了自己的生命力后，便开始独立生存，且有可能被接受。

尽管上述模式各有特点，实在说均未超出沃勒斯最初所提"四阶段"模式的框架。总的来看，这些模式的框架，基本上都是按照"准备—创新—验证"的"三阶段"程序来构筑的。当然，首尾均可向外延伸，如"准备"前有"问题"，"验证"后有"结果"。也就是说，它们实际上都反映了创造过程存在着三个基本的阶段这样的规律性。而每个基本阶段自然还可细分出一些更为具体的步骤。如国外有人提出列为"三阶段"计分13个步骤的创造过程模式，即：第一（准备）阶段分为5个步骤；第二（创新）阶段分为2个步骤；第三（验证）阶段分为6个步骤。从思维形式看，第二阶段主要是非逻辑思维形式的作用；第一、三阶段则主要是逻辑思维形式的作用。其中以第7步骤（即顿悟）为中心环节使13个步骤呈对称分布的格局，从而显示出这一步骤在整个创造过程中的特殊地位和作用（见下表①）。

步骤	阶段	名称	思维形式
1	第一阶段	前　导	U/C
2		不　满	U/C
3		认识环境	C
4		获得资料	C
5		研究分析	C
6	第二阶段	潜　伏	U
7		顿　悟	U
8	第三阶段	产　生	U
9		发　展	C
10		审　核	C
11		实　施	C
12		满　意	U/C
13		转　向	U/C

---

① 此表转引自谢燮正《创造原理与方法》，内部交流，1984。列表者认为逻辑思维是意识活动的表现，非逻辑思维是无意识（或潜意识）活动的表现，故前者简称C（Conscious），后者简称U（Unconscious）。

二 创造的逻辑与非逻辑思维形式

在法则的锁链上,闪烁着幻想的火花。

——舒曼

许多人都知道牛顿看见苹果落地而发现万有引力的故事。故事说,有一天,牛顿坐在苹果树下忽然看见一个苹果从树上掉下来,闪念间他想到:为什么苹果都是往下掉,而不是往上去呢?

既然苹果或其他物体都是往下掉,为什么月亮不掉下来呢?如此等等。就这样,牛顿便找到了解决"行星和卫星为何能在轨道上运行而不循直线向空间飞去"这样一个巨大难题的线索,进而发现了使他名垂青史的万有引力定律。

显然,如果根据这个故事就断言牛顿是因为看见苹果落地才发现万有引力,那未免太轻率,但也不能轻易地否定它们之间可能存在着的联系。从当时物理学的发展状况看,不少科学家都在思索关于天体运行原因的问题。牛顿由"苹果落地"产生联想,并导致形成"重力"概念而发现万有引力定律,也是合乎事物发展规律的。其间存在着偶然的灵机一动与严密的逻辑思考之间的关系问题。它表明，在创造者的头脑中，逻辑的与非逻辑的两种思维形式，同样都在有效发挥作用。这里，最好根据牛顿自己的叙述来看看这两种思维形式的关系和它们的实际作用。牛顿后来在其名著《自然哲学的数学原理》（1687）中这样写道：

> 行星依靠向心力，可以保持在一定的轨道上，这只要考虑一下抛射体的运动，就很可以理解了；一块被抛出去的石头由于其自身重量的压迫不得不离开直线路径，它本应是按照起初开始的抛射方向走直线的，现在在空气中划出的却是一条曲线，它经过这条弯曲的路径最后落到了地面上；抛出去时速度越大，它落地前走得就越远。因此，我们可以假定抛出的速度不断增大，使得它在到达地面之前能划出1英里、2英里、5英里、10英里、100英里、1000英里的弧长，最后一直增加到超出了地球的界限，这时石头就要进入空间而碰不到地球了。……
>
> 但是，如果我们现在想象物体是从更高的高度沿着水平线方向抛射出去的，例如从5英里、10英里、100英里、1000英里或更高的高度，甚至高达地球半径的许多倍。那么，这些物体就会按其不同的速度并在不同高度处的不同

重力作用下划出一些与地球同心的圆弧或各种偏心的圆弧，它们在天空沿着这些轨道不停地转动，正像行星在自己的轨道上不停地转动一样。①

这里具有多么丰富的想象和多么大胆的猜测！牛顿所假定和设想的与"抛出去的石头"作类比的行星运动过程，在当时是既不可能直观，也不可能如他所想象的那样予以驾驭的。可以说牛顿早在300年前就已预言了"人造地球卫星"有可能在宇宙空间出现，因为他对抛物体运行轨迹的大胆设想和分析，正是蕴含了这种可能性。同时，这里的论述又具有极为严密的逻辑思考。为了确立重力与到地心距离的关系，牛顿一方面大出意料地把地球上的物体（石头也罢，苹果也罢）向地面下落的日常现象，与月球绕地球运行规律的天文观测进行类比联想；同时，又正是在这种奇特想象和大胆猜测的推动和补充下，严谨地完成了上述合理的逻辑推论。根据这种推论或论证，月球绕地球运行的过程，自然也就可以被看作一种无以达到终点的不断的下落过程。这样，牛顿实质上是把原来认为彼此毫无关联的两种运动现象或所谓"力"（一是作用于月球

---

① 转引自[美]乔治·伽莫夫《物理学发展史》，商务印书馆1981年版，第60—61页。着重点为引者所加。

的"天文学上的力"、一是作用于苹果等物体的"地球上的力"），巧妙地统一到一个严密的理论框架或逻辑体系里来了。所以，这种从地上联想到天上，也即脱离逻辑常轨的猜测和想象等非逻辑思维形式，与严密的逻辑思考不仅不矛盾，而且互为补充。奇特的联想和想象有可能由于某种诱因（苹果落地也好，石头上天也好）而突然出现在牛顿的脑海里，但它们对完成这一发现来说的确起到了关键的作用；而如果没有事后严格的逻辑论证和数学推导（如牛顿后来在书中所表述的），同样也不可能有这个发现。可见，正是两种思维形式的相互作用和互为补充，才使得牛顿在科学发现史上完成了一次伟大的创造。

其实任何一项创造发明都是如此，只是表现的具体形式各有殊异罢了。那么，所谓"逻辑的"与"非逻辑的"思维形式，具体说都包括什么内容呢？

我们说的逻辑思维形式，也就是指符合形式逻辑要求的思维。其基本方面不外是概念、判断、推理等思维形式，比较与分类、分析与综合、抽象与概括、归纳与演绎等逻辑方法，以及符合形式逻辑基本规律要求的确定性、无矛盾性、首尾一贯性和论证的根据性等。一句话，就是按照逻辑规律建立概念和命题之间推理关系的形式化思维。我们知道，无论科学发现或技术发明,最终都表现为对问题的解决。可以说,从发现问题或提出问题,到问题得到解决,没有逻辑思维的作用是不可想象的。正如爱因斯坦所说,作为一个科学家,他必须是一个"严谨的逻辑推理者。科学家的目的是要得到关于自然界的一个逻辑上前后一贯的摹写。逻辑之对于他,有如比例和透视规律之对于画家一样"。[①]这话极为深刻。牛顿发现万有引力定律的整个过程,最终就是符合形式逻辑思维程式和基本规律要求的。如从问题的提出(从伽利略对行星运动规律的研究就提出的有关运动原因的问题),到他对各种经验事实(苹果或石头落地等一系列有关物体运动的个别观察事实)进行分析、综合、抽象、概括而得出"重力""惯性""质量和重量""作用与反作用"等基本概念,并采取既有归纳推理(根据观察事实,运用基本概念,归纳出运动三定律的一般原理),又有演绎推理(以一般原理为大前提,推论出有关天上和地上整个物体运动的一系列合理性解释),还有严格数学推导的步步深入的论证,直到问题得以圆满解决(万有引力定律确立)。整个过程,正是如此。当然,更为重要的是,在这个严谨的逻辑思考过程中,牛顿还巧妙地运用了介于逻辑思维形

---

① 许良英等编译:《爱因斯坦文集》第1卷,商务印书馆1977年版,第304页。

式与非逻辑思维形式之间的类比方法,使像联想、想象、猜测等非逻辑的思考也发挥了重要作用。这又表明牛顿还是一个具有非凡的联想力和想象力的科学家。而正是联想和想象,才使他有可能作出大胆的猜测。他曾有句名言:"没有大胆的猜测就作不出伟大的发现。"①真谛正在于此。所谓非逻辑思维形式,简而言之,一切在形式逻辑基本范围内所不能包容,而又在创造过程中发挥着有效作用的思维形式,都可称作科学创造的非逻辑思维形式。诸如:经验思维,意象(或形象)思维,情感思维,联想、想象和猜测,灵感和直觉思维,以及具有指向和导航作用的辩证思维等。

我们说的经验思维,是指在人们通过学习和实践而获得的经验积累基础上,面对创造活动中要解决的问题,即可不假思索地发挥出实际作用的一种思维形式。亦即人们常说的"凭经验"的意思。据载,有位法国昆虫学家,因迷路离开了考察队,他独自一人在南美丛林里生活了30年。这期间,他忘记了怎样说话,失掉了正常的记忆,但却能寻找食物。尤为有趣的是,在那种情况下他仍在继续整理搜集到的标本。②这就是经

---

① 转引自[英]W.I.B.贝弗里奇《科学研究的艺术》,陈捷译,科学出版社1979年版,第153页。

② 见[苏]V.V.德鲁齐宁等《思考·计算·决策》,战士出版社1983年版,第10页。

验思维的作用，其主要特征是按"老一套"的方式行事。这自然是一种低水平的思维形式，是在人们与生俱来的学习能力基础上逐渐形成发展起来的，它本身绝无创造性，但在创造思维过程中却具有不可缺少的辅助作用。例如我国的中医、中药学及其临床应用，在很大程度上即是这种"凭经验"亦即经验思维在发挥着作用，迄今仍为全世界所注目。在工程技术上，如我们常听说人们对某个具有高超技艺的工程设计赞叹不已，其中就包含一些杰出工程师的经验思维的结晶。"发明大王"爱迪生，一生中的创造发明居然高达1093项，至今仍是美国个人持有专利项数的最高纪录。经验思维在爱迪生创造活动中的作用是不言而喻的。关于经验思维的作用机制，目前仍很茫然，所以许多老科学家都苦于难以将积一生之心得的经验思维方式像传授知识和技能本身一样，有效地传授给后继者。

所谓意象思维，也可称之为形象思维，意即运用心理学中所说的意象或表象（image），即在没有知觉对象情况下，仍存在于头脑中的记忆映象，而进行的一种思维活动。法国数学家阿达马曾为此调查过许多科学家，下面是爱因斯坦对他的征询所作回答的摘录：

> 在我的思维机构中，书面的或口头的文字似乎不起任

何作用。作为思想元素的心理的东西是一些记号和有一定明晰程度的意象,它们可以由我"随意地"再生和组合……这种组合活动似乎是创造性思维的主要形式。它进行在可以传达给别人的、由文字或别的记号建立起来的任何逻辑之前。上述的这些元素就我来说是视觉的,有时也有动觉的。通用的文字或其他记号只有在第二阶段才能很费劲地找出来,此时上述的联想活动已经充分建立,而且可以随意地再生出来。[①]

爱因斯坦的陈述表明,在他的创造思维过程中的确存在着意象思维这种形式,只不过它是与联想和想象,即意象的再生与组合交织在一起的。其实,产生联想,活跃想象,其现实的基础都在于意象思维形式的存在,否则便都是不可能的。如德国气象学家、地球物理学家A. L. 魏格纳,一次在看地图时联想到现实中大西洋两岸的拼合,进而提出使地球科学产生变革性进展的"大陆漂移说",就是通过意象思维而产生联想、活跃想象的例证。1983年荣获诺贝尔生理学或医学奖的美国81岁

[①] 转引自[美]克雷奇等《心理学纲要》上册,周先庚等译,文化教育出版社1980年版,第200页。亦可见许良英等编译《爱因斯坦文集》第1卷,商务印书馆1977年版,第416—417页。

女遗传学家B.麦克林托克于20世纪40年代即提出她的新奇观点（1951年正式发表论文）。她认为玉米籽粒颜色的遗传很不稳定，有时籽粒上出现一些斑斑点点是因为遗传基因可以转移所致。意即可从染色体的一个位置跳到另一个位置，甚至从一条染色体跳到另一条染色体。这种似乎"看见"基因在跳跃而提出超时代创见的情况，不承认其中有活跃的意象思维的作用是很难说明的。

所谓情感思维，则是指创造者对待所研究问题的一种倾向或态度，以及能起到鼓励或驱使创造者去追求创造成就作用的思维形式。不言而喻，它是与具有主观体验成分的主体的情感过程纠葛在一起的，因而也往往以一种创造激情的方式表现出来。如爱因斯坦在一次祝贺杰出物理学家普朗克60岁生日时的讲话[①]中，把科学家划分为三类人，就涉及科学家的情感思维问题。在他看来，一类人"所以爱好科学，是因为科学给他们以超乎常人的智力上的快感，科学是他们自己的特殊娱乐，他们在这种娱乐中寻求生动活泼的经验和雄心壮志的满足"；还有一类人"为的是纯粹功利的目的"。爱因斯坦认为这两类人包括"许多卓越的人物，他们对建设科学庙堂有过很大的也许

---

① ［美］爱因斯坦：《探索的动机》，《爱因斯坦文集》第1卷，商务印书馆1977年版，第100—103页。

是主要的贡献"。显然，对于爱因斯坦所说的头一类人来说，科学探索已成为他们内在的需要，那几乎不用理智就能直接感受到的快感和满足感，就是不断地刺激着他们去追求、去创造的一种情感思维活动。与达尔文几乎同时创立进化论的英国博物学家华莱士，曾表白过他的这种感受。他说：

> 只有一个博物学者才能理解我最终捕获它[①]时体验到的强烈兴奋感情。我的心狂跳不止，热血冲到头部，有一种要晕厥的感觉，甚至在担心马上要死的时候产生的那种感觉。那天我头痛了一整天，一件大多数人看来不足为怪的事竟使我兴奋到极点。[②]

爱因斯坦所说的第二类人则如爱迪生。1979年10月22日美国《时代》周刊，曾发表题为《典范的发明家》的文章纪念爱迪生发明电灯泡100周年。其中说道"爱迪生有对荣誉的贪欲"，"他的发明虽然很有益于人类，可是爱迪生的目的是赚钱，尽可能多地赚钱"。文章还引用爱迪生自己的话说："任

---

① 指一种新的蝴蝶。
② 转引自W. I. B. 贝弗里奇《科学研究的艺术》，陈捷译，科学出版社1979年版，第147页。

何一种没有销路的东西，我不想去发明。发明物的销路证实它的实用，实用就是成功。"这里有两种可能：或是为服务于社会以至人类的需要；或是为满足个人的私欲。在爱迪生也许这两种可能都存在。总之，也是一种强烈的情感思维的作用，推动着爱迪生去发明创造。

爱因斯坦以极其虔敬的心情颂扬普朗克是不同于以上两类人的另一种类型的科学家。他赞颂这一类科学家以追求对宇宙规律的揭示为满足。他认为宇宙规律就是莱布尼茨①非常中肯地表述过的"先定的和谐"。他认为，渴望看到这种先定的和谐，是无穷的毅力和耐心的源泉。而促使人们去做这种工作的精神状态是同信仰宗教的人或谈恋爱的人的精神状态相类似的；他们每天的努力并非来自深思熟虑的意向或计划，而是直接来自激情。

我们当然不认为一定要像爱因斯坦那样把科学家分为三类人，因为对每一位具体的科学家来说是很难做这种绝对划分的。但这里的确表明了出于不同动机产生的情感思维，对于科学创造的影响作用。特别是爱因斯坦所说的那种由衷的激

---

① 莱布尼茨（G. W. Leibniz）系17世纪德国唯心主义哲学家，但他所说的"单子"间存在着"先定的和谐"的思想，有承认宇宙的统一性或规律性的因素。

情，它来自科学家对物质世界客观规律的追求。大至宇宙的所谓"先定的和谐"，小至发现某个昆虫新种，对于他们来说，正是在那里生发着他们对无尽真理的崇尚，对宇宙谐美的仰慕。它们像宗教信仰那样摄人心魄，像热恋对象那样富于魅力。因而既使科学家们倾倒，也能让他们为之历艰辛、忘荣辱，奉献毕生精力。这样的事例在科技史上数不胜数。

总的来说，经验、意象、情感思维都是在创造过程中，或是作为"思维材料"，或是作为"思维背景（或情境）"发挥辅助或促进作用的非逻辑思维形式；而且，它们的作用往往通过想象、灵感、直觉等体现出来，因而有时不为人们特殊注意。其实，它们与想象、灵感、直觉并非一回事。想象、灵感、直觉本身即是最富创新性特征的非逻辑思维形式。此外，与所有这些非逻辑思维形式都不同的是处于更高层次的辩证思维。辩证思维是从世界观和方法论的高度，在创造思维过程中起到指向和导航作用的非形式逻辑思维形式。它的影响是通过各种逻辑的与非逻辑的思维形式具体体现出来的。所以总的来说，在各种创造性思维形式的积极作用中，也都具有辩证思维的影响。其中，科学美感则往往起着重要的中介作用。

总之，逻辑的与非逻辑的思维形式，在创造性思维过程中都是不可或缺的，而非逻辑思维形式却又实际上具有更为特殊的意义。但最终来看,仍然是只有逻辑的与非逻辑的两种类型的思维形式"和声共鸣",才能演奏出动人心弦的科学创造"交响乐"。

三 关于科学美感

> 我们看见那些图像所以感到快感,就因为我们一面在看,一面在求知……
>
> ——亚里士多德

传说古希腊哲人和数学大师毕达哥拉斯,一次走过一家打铁场时,被传出的有节奏的打铁声所吸引。他近前细听后,竟发现发出谐音的铁锤大小和重量,铁锤敲击时的不同轻重程度,都和谐音之间有一种确定的比例关系。毕达哥拉斯由此而受到启发,于是便找到了所谓"美之数"。

这个传说并非完全出自虚妄。实际上,以毕达哥拉斯为首的一个学派,当时的确曾以声音或音乐为对象进行过许多实验,并通过实验和计算求得了弦长与乐音之间的比例关系。他们证明:以三条弦发出某一乐音及它的第5度音和第8度音时,这三条弦的长度之比即为6:4:3。由此,他们便设想在这种比例数体系的基础上，建立一套关于整个宇宙的理论。他们不仅断定天体间的运行关系正是按这种"美之数"在演奏着"天体的音乐"，而且认为数是宇宙万物的本原。

显然，毕达哥拉斯学派不加分析地把宇宙万物归之于"数的和谐"，特别是据此还作出过一些无根据的臆断，如认为10为完美之数，便断定天上运行的发光体必定有10个，等等，说明他们的宇宙理论带有浓厚的神秘主义色彩。但是，他们关于宇宙间充满"数学和谐"的基本思想和信念，以及由此产生的对整个宇宙关系的某些猜测，却是具有合理因素的。事实上，自毕达哥拉斯以后，历史上曾有许多科学家和哲学家遵循这一信念不同程度地反映了某些方面的客观规律性。例如古罗马天文学家托勒密继承这一思想所建立的地球中心宇宙体系，从根本上说，自然是不符合客观实际的。但它认为各行星并非直接围绕地球运动，而是围绕着数学上的点（即所谓本轮中心），跟着所谓均轮绕地球作匀速运转（如图所示）。这种依据数学和谐关系所作的解释，却能较完满地说明当时观测到的行星运动情况。而且，它还能准确地预见行星在任一时刻的运动位置。所以，及至哥白尼的"日心说"，尽管从根本上否定了"地心说"的理论体系，但却依然采用了其中有关本轮和均轮的概念，以及一些有价值的观测资料。

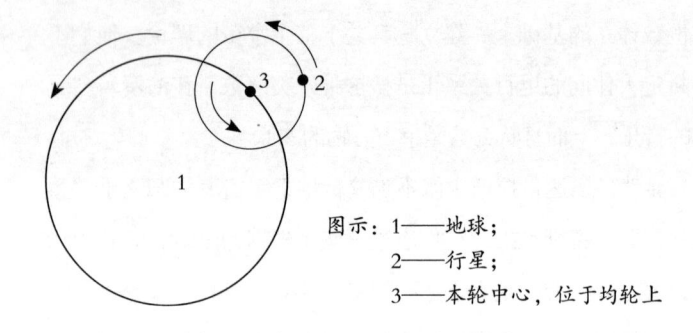

图示：1——地球；
2——行星；
3——本轮中心，位于均轮上

数学和谐的观念，实际上也正是哥白尼、开普勒所遵循的一条重要原则。如哥白尼曾说：在太阳系的运行系列中，"我们发现宇宙的妙不可言的对称，以及各种运动和轨道大小之间所明明白白显示出来的和谐结合。如果不是这样排列，就不可能发现这些"[①]。他甚至认为，指引他的与其说是获得了比"地心说"更好的具体计算结果，还不如说是追求到了一种具有"完美形式"和"令人惊叹的对称性"的宇宙模型。开普勒则正确地采用了椭圆轨道以代替哥白尼的行星按正圆形轨道运动的观点。同时他也认为，宇宙是由可以用优美的数学形式来描绘的统一的物理规律所支配的，而且由此发现了著名的行星运动第三定律。开普勒甚至把论述第三定律的著作，径直定名为《宇宙和谐论》。

---

① 辛可选译：《哥白尼和日心说》，上海人民出版社1973年版，第93页。

由上可见，从毕达哥拉斯的"数的和谐"或"美之数"，到开普勒的"宇宙的和谐"，不管他们的哲学基础是什么，按照辩证唯物主义哲学的观点来看，其根本出发点则正是在于自觉或不自觉地承认客观物质世界的合规律性，在于承认纷繁驳杂大千世界的物质统一性。辩证法大师黑格尔曾说："和谐是从质上见出的差异面的一种关系，而且是这些差异面的一种整体，它是在事物本质中找到它的根据的。"[①]撇开黑格尔观点的唯心主义实质不论，这里的合理思想是：和谐是统一中的差异，差异中的统一；这既是它的根据，也是事物的本质。这也就是说，世界的物质统一性，乃是一切科学创造追求和谐美的客观基础。无论是毕达哥拉斯对"美之数"的追求，还是托勒密、哥白尼、开普勒对天体或宇宙和谐的追求，归根到底都是对统一的物质世界的客观规律性的追求。

人们一般认为，爱因斯坦是科学史上最富创造性的科学家。追求客观物质世界的和谐美，亦即追求千差万别的物质世界的统一性，或如爱因斯坦自己所说的渴望看到这种"先定的和谐"，正是他的创造性思维中最为核心的内容。美国精神病学和行为科学专家A.卢森堡，曾把爱因斯坦这种善于从差异

---

① ［德］黑格尔：《美学》第1卷，朱光潜译，商务印书馆1981年版，第180页。

中见到统一,或从相反的两极来构想统一的物质世界的积极思维,看成一种"高级创造性思维",并把它作为他所谓的"两面神思维"的一个典型例证。如他解释说:"爱因斯坦一生的思维似乎大多是关于对立面的问题。……使他的一些不完整的思想获得物理根据,并结合成为有意义的表述的创造性跃进的关键,就是对立面同时起作用这样一种特殊概念——一个观测者能够在同一时刻既处于运动状态,又处于静止状态。"他进而认为:"有创造力的人物,会积极地把相反和对立面凑合在一起,并且借此表述科学的或其他的问题,进行创作并促进美学工作,建立理论,搞创造发明,以及建造艺术杰作。"① 在我们看来,卢森堡所说的"两面神思维",其实就是积极地按事物客观存在的辩证关系来认识事物本来面目的辩证思维。或者说,正是这种辩证的高级创造性思维发挥积极有效的作用,才促成了爱因斯坦及其他富于创造性的人物能获取重大成功。在运用辩证思维的过程中,或许有人自觉、有人不自觉,但他们的创造性思维终归都是在长期的创造实践中,主观认识不断地与客观现实相符合的结果。而爱因斯坦,则不能说是完全不

---

① 转引自[美]格林伯格《爱因斯坦:创造力的鉴赏家》,《美国科学新闻》(中文版),1979年第21期,第26页。所谓"两面神",是罗马的门神,它有两个面孔,能同时转向两个相反的方向。

自觉的。以这种所谓"两面神"式的辩证思维不断追求对宇宙和谐统一的认识,正是爱因斯坦一生中为之不懈奋斗的最大向往和最高目标。他的伟大成就和全部创造历程就是最好的证明。如他凭借这种追求在前半生取得了创立狭义相对论,进而创立广义相对论的惊人成就;在后半生,他又以同代人所难以理解的坚定信念,投身于创立统一场论的奋斗之中,以期用一个总的场方程来解释整个自然界中各种各样的电磁场与引力场。尽管在当时他的这种努力不可能取得突破性进展,但滚滚向前的历史洪流证明他的奋斗绝非轻举妄动,统一场论已成为21世纪物理学的重要研究方向。

爱因斯坦曾反复强调过他是一个"具有深挚的宗教感情的人"。[①]其实他所说的"宗教感情",所指的正是科学家们潜心于揭示自然界和谐统一规律的那种虔诚渴望和狂热的追求。如他曾说:

> 你很难在造诣较深的科学家中间找到一个没有自己的宗教感情的人。但是这种宗教感情同普通人的不一样……他的宗教感情所采取的形式是对自然规律的和谐所感到的

---

① 许良英等编译:《爱因斯坦文集》第3卷,商务印书馆1979年版,第45页。

狂喜的惊奇，因为这种和谐显示出这样一种高超的理性，同它相比，人类一切有系统的思想和行动都只是它的一种微不足道的反映。①

可见爱因斯坦坚信客观物质世界的和谐统一即合规律性，坚信人在狂喜和惊奇之余能够认识这种规律性，哪怕这种认识在深邃奇妙的大自然面前每每显得那样微不足道。

所以，辩证思维作为一种高级的创造性思维，其重要作用之一是能够通过情感思维来影响科学家的创造过程。这中间通常是科学家的美感鉴赏力起到一种中介的作用。也就是说，一般情况下，总是首先通过科学美感的中介作用而激发起科学家的想象、灵感或直觉，从而促使他出其不意地达到对宇宙和谐的把握。这种情况在科学史上也不是罕见的。1983年的诺贝尔物理学奖获得者、美籍印度科学家S. 钱德拉塞卡曾生动地分析过的一个例子颇为突出地说明了这一点，那就是著名德国数学家和物理学家C. H. 魏尔。由于他的美感鉴赏力的作用，他的直觉所导致的正确结果，竟然早于人们完整地证明它许多年。钱德拉塞卡在论文中首先引用了魏尔自己曾说过的话：

---

① 许良英等编译：《爱因斯坦文集》第1卷，商务印书馆1977年版，第283页。

我的工作总是力图把真和美统一起来，但当我必须在两者中挑选一个时，我总是选择美。①

魏尔所给的例子是他的引力规范理论。钱德拉塞卡说："显然，魏尔曾承认这个理论作为引力理论是不真的，但它是那么美，使他不愿放弃它，于是，为了美的缘故，他把它维持下去。而多年以后，当规范不变的形式被加进量子电动力学时，魏尔的直觉变得完全正确了。"②魏尔发现中微子两分量相对论波动方程的情况也是如此。"魏尔发现了这个方程，而物理学家们却三十多年不理睬它，因为它破坏宇称守恒。结果，又是魏尔的直觉对了。"③由此，钱德拉塞卡作了进一步的论证："因此我们有证据说，一个由具有非常强的美学敏感性的科学家发展的理论最后可能是真的，即使在它公布时看起来不那么真。正如济慈（Keats）多年前写的：'想象力感觉美的东西必定是真的——不论它原来是否存在。'"④他还引用济慈的一首短诗来印证自己的观点：

---

① ［美］钱德拉塞卡：《美与科学对美的探求》，《科学与哲学研究资料》，1980年第4期，第75页。
② 同上，第75页。
③ 同上，第75页。
④ 同上，第75页。

> 美即真,
>
> 真即美——这便是一切
>
> 世上你所知,
>
> 以及你需知。

美即真,真即美,真和美的统一其实并不是什么可奇怪的事情,当然更不神秘。我们从前面的分析中已经知道,这里的所谓美,亦即科学美感,它不过是对自然界和谐美的反映,正像毕达哥拉斯最初发现所谓"美之数"那样。在科学创造中,"真"是客观规律的反映,"美"亦反映了客观规律,真和美的统一,正是宇宙和谐可知的最好说明。

科学美感的具体形式通常表现为对科学理论(原理、定律、公式、模型、假设、公理等)或技术发明(设计方案或技术产品),在形式上的简单性、对称性、相似性和奇异性的欣赏和追求。我们则可以分别称它们为简洁美、对称美、相似美和奇异美。简洁、对称、相似是自然界和谐统一的表现自不待言;奇异也是和谐中的新奇和异样,它不仅激发人们的好奇心和惊讶感,而且是大自然结构无比壮丽的体现。统一不是单调,和谐是多色彩的协调一致,匀称中见出奇异就是一种美。为了区别科学美与艺术美,一般用"雅致"一词来表示科学美。对创造性思维颇有研究的法国数学家H.彭加勒，认为"雅致"即是不同的各部分间的和谐、对称、巧妙的协调，"一句话，是所有那些导致秩序、给出统一，使我们立刻对整体和细节有清楚的审视和了解的东西"①。并且认为，那些依习惯放不到一起的东西的意外相遇，问题的复杂与解决方法的简单形成对比，便可以产生"雅致"。

总之，科学美感可说是辩证思维通过情感思维的作用，激发和活跃想象、灵感或直觉的中介，因而在创造思维过程中的作用也是不可忽视的。但是，作为高级创造性思维的辩证思维，对于创造过程的影响却不仅限于这一个方面。辩证思维是自然界客观规律的最深刻的反映，因此它在创造过程中实际上居于统领航向和指导、调控的地位。也就是说，如果没有辩证思维起到指向、导航和调控的作用，根本不可能完成什么创造，尽管许多人不一定意识到这一点。当然，这种作用必须通过逻辑的与其他非逻辑的思维形式具体地体现出来，其中尤其是通过诱导创造思维的精华部分——想象、灵感和直觉发挥作用而曲折地体现出来。在科学创造史上，不仅有许多成功的经验，而且也有大量失败的教训。导致成功或失败的因素是复杂

---

① 转引自刘仲林《论科学美的本质》，《天津社会科学》，1984年第1期，第57页。

的，但从根本上说，能否掌握和自如地发挥辩证思维的指导作用，则尤为重要。

那么，我们能否用一个统一的简化模式，来表述一个完整的创造思维过程呢？这种尝试也许对于加深这一章所涉及内容的印象是有益的。请看下面的图谱：

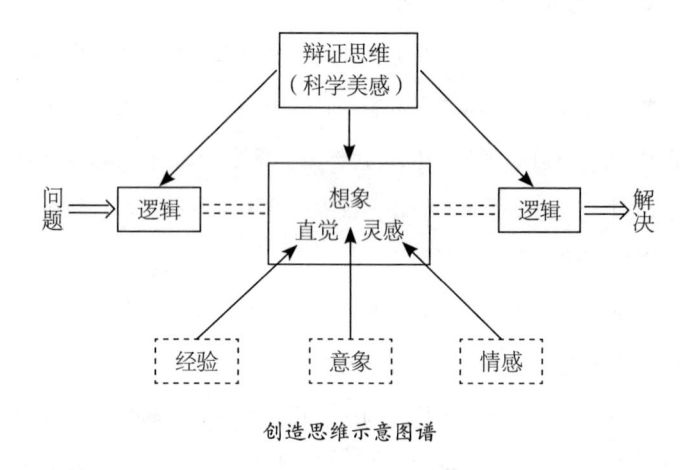

创造思维示意图谱

期望通过一个图谱的提示就能了解所研究问题的全部内涵，那是不现实的。它所能做到的也仅仅是一个提示。上面这个提示所能突出表现的是：①辩证思维的指导地位；②逻辑思维与非逻辑思维的中断；③想象、灵感、直觉在创造思维过程中的核心地位；④辩证思维（往往借助科学美感），以及经验、意象、情感思维（作为创造思维的辅助形式）等，通过与核心部分的联结而发挥各自的特定作用。图谱的最大缺欠是没能更明确地反映出创造性思维结构系统中各种思维形式间错综复杂的交互关系。但有一点是明确的，那就是我们在上一节曾说过的：只有逻辑的与非逻辑的两种思维形式"和声共鸣"，才能演奏出动人心弦的科学创造"交响乐"。如果这一比喻还算恰当的话，那么，这个图谱所能进一步提示给我们的是：想象、灵感和直觉正是这部交响乐曲中异峰突起的高潮；辩证思维则犹如得心应手、挥洒自如的乐队指挥。没有高潮的交响乐是不会具有摄人的魅力的；而没有高明的指挥，则任何完美的乐队也绝演奏不出或热情奔放，或哀怨悲怆，或婉约沉思，或清新悠扬，淋漓酣畅、催人动情的交响乐的。

第三章 创造性思维的精华——想象、灵感和直觉

一 想象、灵感、直觉的共性特征

> 我有了结果,但还不知道怎样去得到它。
>
> ——高斯

"εύρηκα(尤洛卡)!εύρηκα(尤洛卡)!"据传,这是古希腊著名科学家阿基米德在一次沐浴中,突然从浴盆里跳出不顾一切地往外跑时,所喊的希腊语。意思是:"找到了!找到了!"原来,当时的希腊国王怀疑珠宝匠在为他制作金王冠时,用较便宜的银子换走了同等重量的黄金,便请宫廷科学家阿基米德在不破坏王冠的条件下来查实这件事。阿基米德大喊"尤洛卡!"就是说他找到了解决这个难题的办法。

对于这个古老的传说,后来有人分析说,阿基米德当时是

因为在浴盆里看到自己身体入水后,水面位置上升并缓缓向外溢出,这一现象启发他理解到水面上升是他的体重排开了一定量洗澡水的缘故。闪念间更使他联想到:既然如此,那不是可以对比金冠和与金冠重量相当的金块的排水量来测量吗?通过实验,果然揭穿了"王冠之谜",并进而揭示了固体物质可以用它们的排水量来测量的"自然之谜",从而发现了著名的浮力定律即"阿基米德原理"。也有人对这个传说作另一种分析。即认为:阿基米德当时不是因为水的溢出启发他联想到了测量排水量的办法;而是因为他在为"王冠之谜"冥思苦索之隙,仰靠浴盆,心神怡然,正是这种从紧张的思索中暂时松弛下来的精神状态,使他一时遐思翩翩、心驰神往,于是灵机一动,豁然开朗,觅得了进一步用实验方法解决难题的途径。

传说终归是传说,其中的具体细节实难过分追究,上述两种分析很可能都有一定道理,并且互为补充。重要的是它们都承认一个关键事实,那就是创造发明中的所谓"尤洛卡现象",也即有的心理学家所说的"哎呀反应状态"。它所指的即是那种在特定情景下(如阿基米德沐浴时的精神松弛,或是出现"水溢盆外"这种与他所研究课题原本无关的偶然现象),科学家头脑中突然闪现出有可能导致问题解决的奇妙念头时的特殊应激状态。事实上,有不少著名科学家也都谈到过自己曾有过类似阿基米德那样的体验。有的心理学家还试图对这种现象进行一定程度的实验观察。因为这种现象的实质,即是创造者在想象、灵感或直觉发挥作用而产生新思想的时刻,所表现出来的一种特异的生理心理状态。所以,这一时刻通常被人们称作创造过程中的精华阶段。也就是说,它是决定创造活动中能否产生新思想,亦即能否取得创新成果的关键,是完成一个创造过程的主要部分或核心部分。从思维形式来看,正是想象、灵感和直觉发挥作用的时候。因此,所谓创造过程的精华,实际上指的正是想象、灵感和直觉。

想象、灵感和直觉的根本特点就在于具有创新作用。这种创新作用有时是它们中的一种形式实现的,但在不少情况下是三者交错综合地发挥作用的结果。如阿基米德产生"尤洛卡反应"的那一瞬间,就是既有建立在对比联想基础上的想象活动的作用,也有灵感迸发的情绪激动和对问题得到深刻理解的直觉颖悟。所以人们往往把它们相提并论,甚或只取其一以概言其他。如有的以"想象"(或谓"形象思维"或"幻想")概括之;有的以"灵感思维"概括之;有的以"直觉(或直觉性)思维"概括之,等等。由于想象、灵感和直觉在创造过程中的基本作用是一致的,所以这些概括的提法都不无道理。为方便起见,我们这里也先从想象、灵感和直觉的共性特征,也即三者间相通或一致的地方谈起，然后再对它们各自的特点，以及在创造过程中特有的具体作用，分别加以讨论。

首先，想象、灵感、直觉的出现，即意味着常规思维中的"跳跃"和逻辑程序的"中断"，但由此而得到的创新，则是符合事物发展的客观规律的。如牛顿居然把天体运动中的月球想象成一个被大力抛出的石头，这种从地上突然联想到天上的"跳跃"，既不是直接从经验事实中归纳推导出来的，也不是从既定的逻辑前提出发演绎得到的，但其结论却完全符合客观事物的发展规律。想象如此，直觉也是这样。直觉的特点之一是凭借创造者的坚定信念而自觉地理解到某种客观存在的必然联系，尽管按常理说不通，或按既定的逻辑程序难以成立。例如，爱因斯坦建立狭义相对论的基本前提——相对性原理和光速不变原理，首先就是依据他的直觉信念而提出的。如他在谈到如何开始形成相对论思想时曾这样说：

> 在我看来，洛伦兹关于静态以太的基本假定是不能完全令人信服的，因为它所得出的对于迈克耳孙－莫雷实验的解释，我觉得是不自然的。直接引导我提出狭义相对论的，是由于我深信：物体在磁场中运动所感生的电动力，不过

是一种电场罢了。①

可见，如果仍然以传统的以太观念为前提进行逻辑推论，就不可能得到后来的结果；而正是爱因斯坦打破既定逻辑思考的天才直觉，引导他作出了惊世骇俗的伟大创造。灵感则常常是由于某种机遇（直觉有时亦产生于某种机遇现象）或创造者强烈的情感冲动而触发，如不有效捕捉，便会像天上的"流星"一样倏忽即逝。所以，灵感造成逻辑思维的"中断"或"跳跃"，也是不言而喻的。阿基米德发现浮力定律的灵感现象当然只是一个传说，查尔斯·达尔文在《自传》里，则确实记载了他如何形成进化论的核心思想——适者生存理论的过程。这过程表明，他正是因偶然机遇两获灵感，从而使他得到了在长期研究中循逻辑思考而未能得到的新思想。如他写道：

> 1838年10月，即我开始系统研究的15个月之后，我*偶尔*阅读马尔萨斯的人口论来消遣，并且由于长期不断地观察动物和植物的习性，我已具备很好的条件去体会到处进行着的*生存斗争*，所以我立刻觉得在这等环境条件下，

---

① 许良英等编译：《爱因斯坦文集》第1卷，商务印书馆1977年版，第566页。着重点为引者所加。

有利的变异将被保存下来，不利的变异将被消灭。其结果大概就是新种的形成。于是我终于得到了一个据以工作的理论。①

由上可见，科技创造的新观念、新理论或新的发明方案等，多由想象、灵感或直觉所造成的逻辑思维的"中断"而导出。当然，这样说并不意味着逻辑思维根本不能提供新东西，也不是说逻辑思维在创造过程中没有作用。但相比之下，真正在创造过程中实现创新作用的，则主要是在想象、灵感和直觉造成逻辑思维中断的时候。这是因为既定的逻辑程序是起规范思维进程的作用，唯其如此，它也就阻塞了思维过程向"格外的"，也即新的方向扩展或延伸。正如著名学者西塞博尔德·史密斯所说："新发现的作出应是一种奇遇，而不应是思维逻辑过程的结果。敏锐的、持续的思考之所以有必要，是因为它能使我们始终沿着选定的道路前进，但并不一定会通向新的发现。"②的确，通向新发现的往往是想象、灵感和直觉。

其次，想象、灵感、直觉常常是紧密联系和相互作用的，

---

① ［英］达尔文：《自传》，见［英］F.达尔文编《达尔文生平》，科学出版社1983年版，第71页。着重点为引者所加。
② 转引自［英］W.I.B.贝弗里奇《科学研究的艺术》，陈捷译，科学出版社1979年版，第86页。

或是想象诱发了灵感或直觉,或是灵感和直觉唤起了活跃的想象,灵感与直觉之间则甚至有相互重合的地方。想象、灵感、直觉与经验、意象、情感等非逻辑思维形式之间,也是相互作用和相互渗透的。一般情况是:想象活动中意象思维最活跃;灵感状态下情感思维最充沛;直觉中则凝聚着更多的经验思维。因此,由于想象、灵感、直觉三者间的密切联系,加之经验、意象和情感思维对它们的创新功能的辅助性促进作用,便使得它们往往呈现出一种非线性的,也即二维以至三维立体性的特征。这也是与形式逻辑思维的一维性或线性特征所根本区别的。也就是说,形式逻辑思维一般是借助于概念、判断、推理等形式,从感性认识入手,经过对感性经验材料进行分析、综合和比较,以及抽象和概括等,逐步做到去粗取精,去伪存真,由此及彼,由表及里,从而达到知性的和理性的认识。显然,这是一个线性递进的过程。更概括地说,不论是从特殊到一般的归纳推理过程,或是从一般到特殊的演绎推理过程,都必须是按程序一步一步地进行的,其间容不得半点越格或反常,即所谓不合逻辑。所以,依据这种连续递进、由此及彼的线性思维方式,便难以得到创造性的突破。与之相比,想象、灵感和直觉,以及它们与其他非逻辑思维形式之间的交叉渗透,则形成一种放射式地进行的思维活动。也就是说,它们是一种由点及面，以至立体多面式的非线性的思维方式。所以，当创造者的想象、灵感或直觉活跃起来的时候，往往就会出现一种身不由己地从多层次、多角度审视客观事物，及至透过现象到本质的特殊精神状态，而客观事物的内在规律性，也似乎是突然一下子暴露在眼前。如牛顿想象翅膀的自由翱翔，阿基米德或达尔文灵感火花的猝然迸发，爱因斯坦深邃敏锐的直觉颖悟等，都是达到了这种境界。而且，这种思维方式通常都是以产生"尤洛卡反应"而告终。所以，人们有时也以"顿悟"或"顿悟思维"的概念来概括地表述想象、灵感和直觉的特点。

再次，想象、灵感和直觉都不同程度地反映出无意识（即下意识或潜意识）的生理—心理活动水平，在创造思维中具有重要作用。这里说的想象，主要指不随意想象，即不为人的主观意志所控制的想象活动。这种想象活动与灵感、直觉一样，都具有一定程度的无意识的作用。所谓无意识，即不为人们的意识所自觉到的一种生理—心理活动状态。相对于自觉意识来说，它也可说是一种低水平或低层次的意识活动。如人们对于一些不随意活动或行为的调节和控制，就都是无意识的功能。诸如对呼吸、心跳等内脏活动，实际起作用但却未被感觉到的刺激的回答反应（如对突然出现的不利刺激的反应），习惯性动作（如走路时有规律地迈开双腿），无目的的冲动和做梦等的无意识调控。显然，这种无意识调控对于人们的正常活动来说是低水平的、不自觉的，不可能依靠它引导人们从事高水平的有目的、有计划的理性活动。然而，却正是它保证了人们有可能从基本的生命活动或生理—心理负担中摆脱出来，以从事高级的理性活动。而且，正是这种低水平的意识功能或无意识，才更需要储存更加巨大的信息量，需要具有识别、选择、提取、加工和处理信息的更高效率，否则它也不可能随机应变地完成上述种种调控行为。从这个意义上说，它又不仅是自觉意识的必要补充，而且对于创造性地完成某些任务来说，甚至具有较之自觉意识更为优越的地方。正如有的作者所说："意识处理信息是顺序进行的：它很难跟随几个对象，不可能同时思考几个事物。下意识的'本职义务'迫使它平行处理信息：它同时控制身体全部器官和许多功能，判断外界情况，刺激身体反应。"[1]也就是说，自觉意识的职能在于定向地、集中地对信息进行加工处理，以保证完成有目的、有计划的指向性活动；无意识却恰恰在于平行地、发散式地处理信息，这一特点正是想象、灵感和直觉这种多维的顿悟式的思维方式所必需的。也是在这个意义上，我们说无意识这种低水平的生理—心

---

[1] ［苏］V. V. 德鲁齐宁等：《思考·计算·决策》，战士出版社1983年版，第5页。

理状态,对于创造性思维活动来说,反具有一定的重要作用。所以,所谓"李白斗酒诗百篇"的说法尽管夸张,倒也并非毫无道理。因为半醉的蒙眬状态,正是自觉意识处于一定的抑制水平,无意识的功能便显得更为活跃。不过,若醉成烂泥一般,也是不可能有什么诗篇的,这正如半睡半醒的蒙眬状态或梦境有时竟有助于激发想象、灵感或直觉,而深沉睡眠却无济于事一样。当然,从根本上说,任何创造活动都是针对一定任务、为解决一定问题而进行的,因而更重要的还是自觉意识的作用。所以,也不能把无意识在创造过程中的作用夸大到不适当的地步,尽管它对于产生想象、灵感和直觉具有特殊意义。关于无意识的作用、无意识的神经生理机制,以及它与自觉意识之间的连接、传递和过渡等,目前还都是需要深入研究和探讨的问题。

最后,想象、灵感、直觉与逻辑思维形式相比,还具有极大的随机性,即不确定性。我们绝不能认为凡是想象、灵感、直觉带来的启示,就一定是可靠的或有效的。恰恰相反,虽然它们在创造过程中的作用那样重要,但它们却往往容易给人们造成虚妄。这也可以说是这种非逻辑思维形式较之逻辑思维形式的最大不足之处。但又正是这种不确定性,才使得它们格外的生动、活跃,具有极大的自由度,因而也极富创造性。不过唯其如此，对于想象、灵感、直觉导致的新思想，进行事后的逻辑证明与实践检验，也就更是必需的。

二 关于想象

想象力是一个创造性的认识功能，它有本领，能从真正的自然界所呈供的素材里创造出一个相像的自然界。

——康德

哪一位神
该受最高的赞美？
我不跟任何人争论，
可是我要把它献给
永远变动的、
永远新颖的、
朱庇特的最奇妙的女儿，
他的掌上明珠，
幻想女神。

这是被恩格斯誉称为"最伟大的德国人"的歌德，在《我的女神》①这首诗里对幻想的赞美。我们知道，歌德不仅是伟大的诗人和文学家，也是伟大的思想家和有成就的自然科学家，他曾作出人有颚间骨的发现是人们熟知的。因而他深知幻想不仅对于艺术，而且在科学创造中也同样具有神奇般的作用。列宁曾深刻指出："有人认为，只有诗人才需要幻想，这是没有理由的，这是愚蠢的偏见！甚至在数学上也是需要幻想的，甚至没有它就不可能发明微积分。幻想是极其可贵的品质……"②这些话的确道出了幻想的真谛。

所谓幻想，实为想象的一种极端表现。与一般意义下的想象相比，幻想更远离事物的现实原型和常规的逻辑思维轨道，更为变动不羁和新颖出奇，也更加指向事物发展的未来趋势。由于幻想与想象的本质特征是一致的，所以一般在讨论科学创造问题时谈幻想，指的就是科学想象，而并不在科学幻想与科学想象之间再作严格的区分。

首先，科学想象的最主要特点就是它的形象化概括性。也就是说，科学想象乃是借助于具有一定程度概括性的意象的联结与组合，并以意象形式加以表达的一种思维活动。这里一方

---

① 《歌德抒情诗选》，人民文学出版社1981年版，第57页。诗中的朱庇特系古罗马神话中的"最高天神"，相当于古希腊神话中的宙斯。
② 《列宁全集》第33卷，人民出版社1957年版，第282页。

面是指出了它的形象性，另一方面则是它的概括性。按照心理学的说法，"想象是在头脑中改造记忆中的表象而创造新形象的过程"[1]。从科学想象的角度看，这种记忆表象不仅包括如艺术想象中所说的反映某种具体形象事物的记忆映象，而且也包括具有一定程度概括性的记忆符号或记号，如爱因斯坦在答复阿达马关于他的意象思维时所说的那样。[2]所以，从形象性方面说，想象也可说就是一种意象思维，但意象思维却不一定是想象。如人们在日常生活中，当回忆任何一件形象事物时，都会在头脑中复现出一定的记忆表象或意象，这时便可说是一种意象思维活动，但它却不一定是依据记忆意象的再生和重组而形成的一种想象活动。关键的差别就在于，想象必须是具有一定概括作用的意象之间的重新联结与组合，而并非止于它的形象性特点。当然，想象的概括，又不同于抽象思维的概括。因为它不仅不像后者那样完全远离于任何形象，而且仍然是借助于各种形象化的意象之间的联结与组合，并以意象形式加以表达的形象化概括。正因为如此，想象这种思维活动便既具有具象性特征，又不受某个固有的客观现实原型所束缚，而能反

---

[1] 曹日昌主编：《普通心理学》上册，人民教育出版社1964年版，第308页。

[2] 见本书第二章第二节关于意象思维的内容。

映事物的某些客观规律性,即具有一定程度的概括性特征。因而它是一种极为自由灵活的思维活动方式。所以,当创造者进行想象,特别是想象活动极其活跃时,便往往会无拘无束,海阔天空,甚至出神入化,难以捉摸,不仅远离人们日常生活的规范,也会摆脱科学上种种传统观念的羁绊。这也正是科学想象极富创造性的原因所在。

化学史上曾使有机化学的发展面貌得到根本改观的苯分子结构式的发现过程,是常被人们提到的有关灵感或想象诱发灵感的实例(这一点我们以后也会提到)。它也是能很好地说明想象活动的形象化概括作用的例证。据德国化学家F. A. 凯库勒自己回忆,一天他在半睡状态下于幻梦中看见"蛇舞"构成的形状,这景象竟使他联系到苯分子的化学式。通过这一对比联想的想象活动,他领悟到了碳链结合的秘密,从而在他的头脑中便形成了苯分子C_6H_6的环形结构式(如图所示)。而正是这

凯库勒提出的几种苯分子环形结构式

一大出乎意料的不受传统观念束缚的想象力的产物，使人们对有机化合物的结构的认识有了极大的进步。这个结构式既是形象的，易于接受的；但又概括地反映了事物的本质特征，而并不仅仅是一种直感的形象。

在物理学中，可以说许多重要概念的提出，都得益于想象活动的形象化概括作用，诸如各种"力"的概念（引力、电力、磁力等）、"场"的概念（引力场、电场、磁场等），各种微观物质结构模型（原子模型、基本粒子模型等）的提出，等等。仅以原子结构模型为例，如H. A. 洛伦兹提出的"弹性束缚模型"、J. J. 汤姆孙提出的"正电子原子球模型"、长冈半太郎提出的"土星系模型"、E. 卢瑟福提出的"小太阳系模型"等，都是既形象化，又不是直感的，而是能引导人们深刻地认识物质结构本质。通过想象活动建立物质模型，往往还是提出新的理论假说的先导。如电磁理论的奠基人法拉第就曾提出过"电磁场力线模型"和"力管模型"，它们后来终于导致麦克斯韦建立了完备的电磁理论。所以普朗克曾说："每一种假说都是想象力发挥作用的产物。"[1]这一见解是极为深刻的。

---

[1] ［德］普朗克：《从近代物理学来看宇宙》，商务印书馆1959年版，第28页。

想象活动的形象化概括作用，在工程设计和技术发明中表现得尤为明显。因为各种技术设计和发明，都要形成图纸、方案，物化为机器、设备等。没有生动、活跃的形象和建立在从此物到他物的联想基础上的概括化作用，也是不可能的。

其次，想象既是一种具有极大自由度的思维活动形式，同时又是可以自觉地引导进行的一种积极主动的心理现象。我们知道，想象活动区分为可以自觉控制的随意想象，以及不为意志控制的不随意想象。这两种类型的想象活动，在科学创造中都具有重要意义。由于无意识在不随意想象中有重要的作用，因而不随意想象较之随意想象更为自由不羁，而且往往成为诱发灵感或直觉的直接动因。这种形式的想象，还往往如普朗克所说，"是通过直觉发挥作用的"[1]。随意想象则不然，它在科学创造中能够直接地发挥作用。虽然随意想象同样也是自由活跃的，但在进行随意想象时，各种记忆意象的再生和重组，仍然是创造者自觉地、有目的地，即有利于问题的解决而定向地进行的。这一点最突出地表现在各种"想象实验"[2]之中。伽利略的所谓"比萨斜塔实验"即是典型例证之一。

---

[1]　[德]普朗克：《从近代物理学来看宇宙》，商务印书馆1959年版，第28页。

[2]　所谓"想象实验"，即在想象中进行而非真实进行的实验，亦称"思想实验""理想实验"。

"比萨斜塔实验"曾对否定亚里士多德所谓"重物比轻物下落速度快"的传统观点,起了决定性的作用。但这个"实验"并不是真的在比萨斜塔上做的,而是在伽利略的想象中进行的。他首先想象有两个重量不等的球,它们若在同一时刻从塔上下落,按照传统说法,其中的重球就要比轻球下落得快。若果真如此,重球就会在经过一段时间后超过轻球,从而先下落到地面。进而他又想象把两个球用绳子拴在一起,如按同理重球仍应超过轻球的下落速度的话,这时它便会受到轻球的牵制而减慢速度;反之,轻球也势必受重球影响而加快速度。据此,他进而提出:拴在一起的两个球理应比其中任一球都重,按传统说法它又理应比其中任一球都下落得快。那么,又何以解释它们因彼此牵制而不可能比两者各自都下落得更快呢?而且事实上它们因拴在一起,也只能同时下落在地面的某一定点。就这样,伽利略便在"想象实验"中得出传统观念必然导致矛盾结果,以一种高超的思路指明了亚里士多德的错误。[1]

　　爱因斯坦也是运用"想象实验"取得惊人成就的高手。如在相对论基本思想的确立过程中,"想象实验"也起了重大作

---

[1] 关于这个"想象实验"的思路,可参见［意］伽利略《关于托勒密和哥白尼两大世界体系的对话》(上海人民出版社1974年版,第25—32页)有关"斜面实验"的论述。

用。爱因斯坦自己曾明确地谈到过这个问题。如他说:

> 在阿劳这一年①中,我想到这样一个问题:倘使一个人以光速跟着光波跑,那么他就处在一个不随时间而改变的波场之中。但看来不会有这种事情!这是同狭义相对论有关的第一个朴素的理想实验。狭义相对论这一发现决不是逻辑思维的成就,尽管最终的结果同逻辑形式有关。②

的确,在建立相对论过程中,爱因斯坦不仅进行过"跟踪光速"的想象实验,他还进行过"火车实验""电梯实验"等想象实验。这说明他充分利用了想象这种思维活动的特点:既能以活跃、奇特的联想方式突破严格的逻辑程式的约束;又能自觉地沿着所要解决问题的思路有控制地进行。这正是爱因斯坦具有高超想象力的一个突出表现。

技术创造中利用"想象实验"的情况也是很多的,近年来有人提出所谓"移情法"的"想象实验"便是突出的例子。所谓"移情法",即创造者把自己置身于发明对象的情境之中,

---

① 1895年。
② 许良英等编译:《爱因斯坦文集》第1卷,商务印书馆1977年版,第44页。

如把自身设想为所要设计的工具或产品的一部分，进而尽情地想象在各种假定的条件下自己将如何感受和如何反应。如要设计一种橘汁分离器，便可把自己想象成一个充满橘汁的液泡，然后一步步提出并解决自己怎样才能冲破胞囊而从中溢出的问题，直到问题彻底解决。

最后，想象，特别是随意想象，虽然总的来说不受逻辑程式的约束，但与灵感、直觉等相比较而言，它却是较为接近逻辑思维的一种非逻辑形式。也就是说，创造者的想象活动一般都要借助于类似逻辑推理形式的联想推论才能进行。从有关"想象实验"的说明中也能看到这一特点。如伽利略正是在想象中利用联想推论的方法步步进逼，最后才达到揭露矛盾的目的。当然，这种具有形象化特点的联想推论，与从概念到判断、经过推理到结论的抽象化思维形式相比，仍然是有原则区别的。后者是按照严格的逻辑程式进行的思维方式。在想象过程中，则通常是利用类比联想的方法来进行推论，这也可说是一种推理方法，即所谓类推。但这种推理方法所依据的仅仅是事物间某些方面的相似性，即根据相似而进行联想类比，并从类比中得出某种猜测性结论。因此，这种推理方式本身并不能保证其间一定存在着某种必然性的因果联系。也就是说，它仅仅是从一类事物的某些特点、属性或关系出发，联想推论到与之相类似的另一类事物的特点、属性或关系，并通过对两方面的比较而得出一定的结论。所以，这种推理方法，虽然也常常要结合演绎推理的形式来进行，但它本身并不是以确定的大前提和小前提为依据，进而推论出必然性结论的三段论式的演绎推理。正因为它的这种或然性，它所得出的猜测性结论，便不是既定的，而是指向未知的、探索性的，因而也就有可能成为富于创新性的论断。这种从类比联想得出猜测性结论的思维过程，也就是想象发挥作用的过程。例如我们在上一章曾分析过牛顿通过对地上物体运动的力的作用的特性和关系的认识，根据相似性而进行类比联想，推论到天体运动的力的作用和关系，从而发现了万有引力原理。这就是通过想象的作用而作出大胆猜测所取得的重大成果。正是在这个意义上我们曾说，类比联想是一种介于逻辑方法与非逻辑方法之间的思维方法。

通过类比联想进行想象是创造性思维中经常进行的一种方式。甚至马尔萨斯的人口论之所以能触发达尔文的灵感，也是因为它一下子活跃了达尔文的想象，使他在想象里把社会现象中的生存斗争关系，与生物界的现象进行了类比联想。前述模型方法充分利用了想象的形象化概括性特点，其中也包括了它利用类比联想进行猜测性推论（即类推）的因素。如卢瑟福提出的原子结构的"小太阳系模型"，后来证明是一种较接近真实的原子模型。它便是卢瑟福大胆地利用了人们熟知的有关太阳系运动规律的宇宙模型，类比联想到原子结构的微观运动规律，从而相当成功地显示了原子核与电子间的运动关系。所以我们也可以说，想象往往以类比联想为中介而与逻辑思维形式发生联结或相沟通。这也正是创造发明者往往能借助于想象而提出科学理论假说或技术发明方案的重要原因。关于这一点，著名日本理论物理学家、诺贝尔奖获得者汤川秀树的体会，是颇有启发性的。他说：

> ……由于探索到类似性和本质的不同点，就能飞跃到另一个新阶段。但在这时，类推或模型作为飞跃的跳台也起了很大作用。我自己提出介子理论的最初阶段，也是因为把当时熟知的电磁力作了类推，而抓住了当时还不十分清楚的核力的本质。在那时候，开始就预想到两者具有类似点的同时，也应该具有不同点。像这样类推的思考过程，若能把过去熟知的东西作为线索，对于发现和理解与其类似而性质不同的新事物是很起作用的。①

---

① ［日］汤川秀树：《科学家的创造性》，《科学与哲学研究资料》，1983年第6期，第13页。

关于想象的特点，也还有可能从其他角度进行分析，但上述三个方面是具有一定重要性的。它们表明，想象不仅能引导创造者的思维超脱现实，遐思翩翩，诱发灵感和直觉；而且能沿着一定的范围和方向进行类推思索。所以有人认为只要有了精确的实验和观测作为研究的依据，想象便可成为自然科学理论的设计师，[①]这是颇有见地的。爱因斯坦也认为："想象力比知识更重要，因为知识是有限的，而想象力概括着世界上的一切，推动着进步，并且是知识进化的源泉。严格地说，想象力是科学研究中的实在因素。"[②]的确，知识再多，总是对已有经验的总结和概括，想象借助于联想和类比推论就能概括世界上的一切，从过去到未来，从已知导向未知。知识只有插上了想象的双翼，才能飞向科学宫殿，登上理论宝座，改造世间一切。所以也可以说，没有想象也就没有科学，没有创造。科学只有凭借想象之丝，才能织出五彩缤纷的创造之锦。正像有的论述者所说的那样："想象不仅披荆斩棘，不断为科学开辟新的道路，而且也以她的躯体参与每一阶段的科学成品之中。"[③]

---

① ［英］W. I. B. 贝弗里奇：《科学研究的艺术》，陈捷译，科学出版社1979年版，第56页。

② 许良英等编译：《爱因斯坦文集》第1卷，商务印书馆1977年版，第284页。

③ 纪树立：《漫话科学想象》，《潜科学》，1980年第1期，第15页。

三　关于灵感（一）

> 灵感吗？它是一种心灵状况：乐于接受印象，因而也乐于迅速地理解概念。
>
> ——普希金

19世纪奥地利天才作曲家舒伯特，一天和几个朋友一起到维也纳郊外散步。在回来的路上，他们偶然走进一家小酒店，谈话间看见桌上放着一本莎士比亚的诗集，舒伯特随手拿起来读了几遍。忽然，他大声嚷道："旋律出来了！可是没有纸怎么办？"他的朋友便顺手拿过桌上的菜单翻转过来递给他。霎时间，舒伯特就像着了魔似的在菜单上疾书起来，似乎已经完全置身于喧嚣嘈杂的小酒店之外。不到15分钟他便谱写完了《听哪，听哪，云雀》这首著名诗篇的全曲。

这个故事说的是一位音乐家的灵感。

一个与之相似的故事是：爱因斯坦一次在朋友家里的饭桌上与主人讨论问题，也是忽然间来了灵感，他便立即拿起钢笔并在衣袋里摸纸。可是没有摸着，于是他竟迫不及待地在朋友家的新桌布上写起公式来。这表明，灵感也像幻想或想象一样，并不只为文学艺术家所独占。不过，这也并不是认为，所有的科学家都有过灵感体验；也不是说任何科学家在创造过程中，都必定有灵感现象。这又正是灵感与想象所不同的地方。美国化学家W. 普拉特和R. A. 贝克于1969年发表的调查材料表明，在他们调查的许多化学家中，有30%的人在调查表中说经常出现灵感现象，50%的人说偶尔出现，17%的人说自己从未有过这种体验。[①]尽管这个统计结果只是局限在一个科学领域内，但至少也能表明，相当一部分科学家是有过灵感体验的。

我们这里说的灵感，自然不是简单地指日常生活中的"灵机一动"现象，而是指在科技工作中有可能带来创造成果的一种非逻辑的思维形式。它与日常的"灵机一动"现象在层次上是有重大差异的。国内外研究者对灵感与直觉还往往不加严格区分，如对科学方法论研究造诣颇深的英国剑桥大学贝弗里奇教授，他在《科学研究的艺术》一书中就是如此处理的。这主要是因为灵感与直觉在实际过程中，确有彼此重合的地方。不过分析起来，它们也还是有明确区别的。

从历史发展来看，最初注意到灵感现象及其作用的，确是在文学艺术领域。2000多年前古希腊唯物主义哲学家德谟

---

① [英]W. I. B. 贝弗里奇：《科学研究的艺术》，陈捷译，科学出版社1979年版，第76页。

克里特，就曾描述过灵感状态对于诗歌创作的意义。如他曾说："诗人怀着激情和神圣灵感时所写的诗篇是最美的。"认为："诗人只有处在一种感情极度狂热或激动的特殊精神状态下才会有成功的作品"；"没有狂热，任何一位诗人都不可能成为伟大的诗人"。[①]德谟克里特按照客观事物的本来面目对灵感及其作用的自然描述，后来被柏拉图大加夸张地赋予了神秘主义的内容。柏拉图把诗人的着迷似的灵感现象，说成与占卜的人"着魔于神"的宗教迷狂一样，也是"诗神"的禀赋所致。他说："若是没有这种诗神的迷狂，无论谁去敲诗歌的门，他和他的作品都永远站在诗歌的门外，尽管他自己妄想单凭诗的艺术就可以成为一个诗人，他的神志清醒的诗遇到迷狂的诗就黯然无光了。"[②]虽然柏拉图的说法充满了神秘色彩，但他也与德谟克里特一样，主要是强调诗人在得到灵感时的那种达到癫狂的着迷状态，这至少是从现象上描述了灵感在一个方面的特点。

由于创造的目的、所涉及内容和达到的结果等不同，科学创造与艺术创造中的灵感现象自然也是有区别的。不过就灵感

---

① 转引自［英］H. 奥斯本《论灵感》，《国外社会科学》，1979年第2期，第93、81及92页。

② 《柏拉图文艺对话集》，人民文学出版社1980年版，第118页。

本身来看，它们在一些基本特点上可以说至多只有程度上的差异，而并无原则上的不同。从本质上说，它们都是人脑的一种特殊活动状态，是人们在创造过程中，由于某种诱因的作用而突发的一种非逻辑的思维活动。我国著名科学家钱学森先生曾指出："……灵感，也就是人在科学或艺术创作中的高潮，突然出现的、瞬时即逝的短暂思维过程。"[①]这一概括深刻抓住了科学创造与文艺创作中灵感现象的共性特征，说明它们虽然都是极其复杂、难以捉摸的创造心理的表现形式，但也绝不是什么不可捉摸或神秘莫测的现象。事实上，我们无论从科学家或文学艺术家对自身灵感体验的回忆，还是从研究者对产生灵感现象的现实条件和生理心理机制的分析看，科学灵感和文学艺术灵感同样都是客观存在的，可以科学地加以研究的现象。

分析来看，科学灵感最为突出的特点有三：其一是灵感引发的随机性；其二是灵感显现的暂时（或瞬时）性；其三是灵感显现过程中总是伴有强烈的情感思维的作用。其实，这三点也表明，科学灵感与文学艺术灵感的确是没有什么本质区别的。例如爱因斯坦曾对他青年时代的挚友贝索说起过他创立相

[①] 钱学森：《系统科学、思维科学与人体科学》，《自然杂志》，1981年第1期，第6页。

对论过程中的灵感体验。贝索是这样谈到爱因斯坦当时的回忆的:

> 他告诉我,一天晚上,他躺在床上,对于那个折磨着他的谜,心里充满了毫无解答希望的感觉。没有一线光明。但,突然黑暗里透出了光亮,答案出现了。①

在爱因斯坦的这个回忆里,明显地表现出上述三个特点:首先,他的这个灵感现象是在"一天晚上""躺在床上"时偶然发生的,也就是说他当时并非处在正常的工作状态或自觉的顺利思考之中;其次,它来得是那样迅疾,即是在爱因斯坦认为"毫无解答希望"的情况下突然出现的;最后,当时他在感情上正在承受着难耐的折磨。

所谓灵感引发的随机性,就是说它既不是具有必然性的逻辑思维导出的,也不是像想象思维形式那样有可能自觉地进行。它的出现完全是由创造者意想不到的偶然原因诱发的。充当这种偶然诱因的往往有两种情况:一是客观上不期而至的机遇;一是创造者主观上某种不确定的心理状态。所谓不确定的

---

① 转引自〔苏〕里沃夫《爱因斯坦传》,商务印书馆1963年版,第63页。

心理状态，总的来说就是创造者暂时离开了使他困扰的问题，把注意力转移到了别的地方。这种主客观上的偶然性情况，有时是交织在一起成为诱发灵感的直接动因的。如达尔文偶读"人口论"而获灵感，可以说"人口论"观点对他的启发是一种机遇现象；同时，这种启发也是他在借以消遣而去读它时得到的。还有这样一件事：美国病毒学家H.科克斯为改进在培养液中生长立克次氏体微生物的方法，曾尝试过加进各种提取液、维生素和激素，但都没有获得成效。一次他在做试验准备时，偏巧做组织培养的鸡胚胎不够用，他只好把平时要被扔掉的蛋黄囊用来凑数。检查时他吃惊地发现，正是那些偶然放进了蛋黄囊的试管里产生了大量的立克次氏体。这纯属一偶然机遇。但如何把这一偶然现象变成能有效利用的方法呢？这竟是他在几天之后的一个晚上躺在床上时突然想到的。[①]

暂时的消闲状态是创造者转移注意、摆脱困扰的好办法。如工作之余的散步、沐浴、听音乐，阅读与所要解决问题无关的书报杂志，和专业以外的人闲谈，病榻上养病，要入睡时或刚醒时，等等。从一些记载看，笛卡儿（哲学家、数学家和自然科学家）、高斯（数学家、物理学家和天文学家）、彭加

---

① [英]W.I.B.贝弗里奇：《科学研究的艺术》，陈捷译，科学出版社1979年版，第32—33页。

勒、爱因斯坦、华莱士、歌德、坎农（生理学家）、赫尔姆霍茨（物理学家、生理学家和心理学家）、布林德利（著名工程师），还有其他人，都曾说有躺在床上休息时得到灵感的体验。这种情况下，创造者往往容易沉溺于一种漫无目的的遐想之中，任凭不随意想象自由驰骋而在无意间触发灵感。与"想象实验"中那种自觉控制的随意想象相对照，这种遐想，有时甚至导致创造者进入一种半睡半醒的梦幻状态，自由不羁的不随意想象便成为触发灵感的直接诱因。凯库勒发现苯环结构的过程，就是一个典型的例证。他自己曾生动地描述过当时的情景：

> 但事情进行得不顺利，我的心想着别的事了。我把座椅转向炉火，进入半睡眠状态。原子在我眼前飞动：长长的队伍，变化多姿，靠近了，连接起来了，一个个扭动着，回转着，像蛇一样。看，那是什么？一条蛇咬住了自己的尾巴，在我眼前轻蔑地旋转。我如从电掣中惊醒。那晚我为这个假说的结果工作了整夜。[①]

[①] 转引自［英］W. I. B. 贝弗里奇《科学研究的艺术》，陈捷译，科学出版社1979年版，第60页。

不仅凯库勒，有的研究资料表明，还有一些科学家和发明家说他们的科学创造得之于梦境中的灵感。如德国生理学家、诺贝尔生理学或医学奖获得者O.罗维说他之所以得奖，是因为他在梦中得到有关他实验的启示；另一位诺贝尔生理学或医学奖获得者、匈牙利生物化学家A.森特-乔尔吉说他常在梦中惊醒，因为梦解答了他的问题；甚至爱迪生也说过他一辈子都梦见自己在搞发明。①显然，把取得科学创造成果仅仅归功于梦境的说法，是太简单化了；但这些科学家的亲身感受说明，梦境也可能确实有助于触发灵感。剑桥大学的一份调查报告表明，在一次对不同学科有创造性学者工作习惯的调查中，有70%的科学家回答说他们曾从一些梦中得到帮助；日内瓦大学也报道过一个调查数学家的近似估计，即在69名数学家中有51位（占74%）回答说睡梦中能解决问题。②但无论如何，要想不经过艰苦劳作而只靠消闲自在以至做梦来搞发明创造，那是荒唐可笑的。对此，赫尔姆霍茨曾这样说到过他的亲身经验：

  首先，始终必须把问题在一切方面翻来覆去地考虑

---

① 参见R. M. 高尔文《探讨睡眠的奥秘》，《世界科学译刊》，1980年第1期，第17页。

② 同上，第22—23页。

过，弄到我"在头脑里"掌握了这个问题的一切角度和复杂方面，能够不用写出来而自如地从头想到尾。通常，没有长久的预备劳动而要达到这一地步是不可能的。然后，在由于这样的劳动而发生的疲劳过去之后，必须来一个身体完全健旺并且安闲自在的时刻，好的意思才会到来。往往在早晨当我醒来时就有了……①

以上事实都说明，灵感的触发是随机的，非必然的。而对于随机的现象，则只能对其产生的条件作出分析性的说明，而不可能对"究竟如何触发灵感？"这样的问题作出准确的规定。然而，当了解到这种随机性的一些具体特点后，则自然有助于我们因势利导地去利用它们。

关于灵感显现的暂时性或瞬时性特点，其实在对灵感引发的随机性特点的分析中已经涉及。也就是说，由于引发灵感的直接诱因总是或然的、随机的、无可预料的，因而一旦由之引发，就一定是意想不到地突然出现，如不及时抓住，即有可能如过眼云烟一样转瞬即逝。所以，所谓"暂时性"或"瞬时性"，除了说明时间短外，更重要的是说灵感是一种新设想、

---

① 转引自［美］R. S. 武德沃斯等《实验心理学》，科学出版社1965年版，第800页。

新观念的突然闪现。因此，能否抓住突然闪现的灵感，使之转化成为有效的创造成果，就是一个至关重要的问题。

我国宋代大诗人苏东坡，曾颇有感触地写过如下诗句："作诗火急追亡逋，清景一失后难摹"，景情并茂地说明了诗的灵感稍纵即逝的特点。明末文人金圣叹在对《西厢记》的批语里写道："饭前思得一文未及作，饭后作之，则为另一文，前文已不可得。"亦为妙语佳句，说明作文章的灵感闪现的特点和及时抓住灵感之重要。与之相比，能否抓住突然闪现的科学灵感，则更是直接影响到能不能作出科学创造。比如说，凯库勒如果从幻梦中惊醒后，不是及时地抓住灵感的启示工作了一整夜；爱因斯坦的灵感闪现后，如果他没有及时地抓住它，并为之连续奋斗五个星期而写出划时代的论文《论动体的电动力学》，他们的灵感也就会像泡影一样瞬即破灭。英国数学家W. R.哈密顿甚至认为，如果他不是及时抓住突然闪现的灵感，也就是他所谓的"电路的接通"，"四元数"的发现（对代数学具有重要意义），也许会推迟10年以至15年。当然，我们说要注意抓住突发的灵感，并不意味着凡是灵感都是正确的，只要抓住它就能取得创造成果。其实，失误的灵感远比成功的多，只不过人们事后忆及的往往是成功的例子罢了。

灵感的第三个特点，我们在下一节里讨论。

四　关于灵感（二）

灵感全然不是漂亮地挥着手，而是如犍牛般竭尽全力工作时的心理状态。

——柴可夫斯基

地球，我的母亲！
我想这宇宙中的一切都是你的化身：
雷霆是你呼吸的声威，
雪雨是你血液的飞腾。
地球，我的母亲！
我想那缥缈的天球，是你化妆的明镜，
那昼间的太阳，夜间的太阴，
只不过是那明镜中的你自己的虚影。

《地球，我的母亲！》[①]是曾任科学院院长的大诗人郭沫若早年的振拔之作。仅从引述的这几行诗句中就能看出，它们不单是深切地抒发了诗人对"地球母亲"的赤子真情，而且想

---
① 《郭沫若全集·文学编》第1卷，人民文学出版社1982年版，第81页。

象奇特，取譬巧妙，凝聚着曾激荡诗人心扉的灵感，也蕴含着诗人对宇宙万汇的透辟理解。诗人曾深有感触地谈到写这首诗时的灵感体验："那天上半天跑到福冈图书馆去看书，突然受到了诗兴的袭击，便出了馆，在馆后的石子路上，……赤着脚踱来踱去，时而又索性倒在路上睡着，想真切地和'地球母亲'亲昵，去感触她的皮肤，受她的拥抱。——这在现在看起来，觉得是有点发狂，然在当时却委实是感受着迫切。"①在谈到另一首著名长诗《凤凰涅槃》时，诗人说："……但由精神病理学的立场上看来，那明白地是表现着一种神经性的发作，那种发作大约也就是所谓'灵感'吧？"②

当然，与诗人们相比，很少有科学家能如此细腻地描绘自己"神经性发作"似的灵感体验，因为他们更为注重灵感带来的科学成果，而无心再去过问灵感过程本身是怎么回事。这种区别是由文艺创造和科学创造各自的特殊任务所决定的。可以说，文艺创造者为完成一件独具匠心的成功作品，从产生创作动机到作品最后完成，无时不在体验着灵感的启迪和与之伴随的强烈的情感冲动；而且最终也是以丰满的典型形象或诱人的意境，用激动人心的感情力量打动赏阅者。而贯穿科学创造全

---

① 《郭沫若论创作》，上海文艺出版社1983年版，第204—205页。
② 同上，第205页。

过程的，则主要是冷静的理智和无可辩驳的逻辑力量，其结果则应是对自然规律的揭示，或是以技术成果的形式再现自然规律；尽管高超的科学创造物对于具有鉴赏力的人来说，同样也具有感人的科学魅力。然而，如果一个科学家确曾有过灵感体验的话，那么，仅从他在灵感显现前后的表现看，也是存在着那种几乎失去理智控制的强烈的情感冲动时刻的。实际上，它与文艺家灵感体验中的激情状态并没有什么本质区别，只是科学家们未必都能如实回顾当时的历程罢了。

关于科学灵感中情感思维的作用，我们可以分为三个前后衔接一致的小阶段来说明，即灵感潜伏期的情绪激动和不安；灵感显现刹那的神志恍惚或迷狂；灵感颖悟时的惊喜与事后的情绪高涨。这种划分自然不是绝对的，特别是灵感显现的那一刹那，它不过是前后的衔接或过渡，甚至很难说是一个独立的小阶段。但它又是最为关键的一环，因为正是有了这一导致"哎呀反应"的一刹那，即所谓"电路的接通"，才能说有灵感。许多科学家都谈到过灵感潜伏期的那种焦躁不安的心情。如前述凯库勒把座椅转向炉边前的那种难耐的不顺利感；爱因斯坦建立狭义相对论前夕所承受的毫无解答希望的痛苦折磨，等等。为建立广义相对论，爱因斯坦也谈到过他的这种感受。他说：

但是，在最后突破、豁然开朗之前，那在黑暗中对感觉到了却又不能表达出来的真理进行探索的年月，那强烈的愿望，以及那种时而充满信心，时而担忧疑虑的心情——所有这一切，只有亲身经历过的人才能体会。①

19世纪著名俄国诗人涅克拉索夫创作长诗《不幸的人们》时，曾在给屠格涅夫的信里这样写道："我没给你写信，是因为我在写作。我24天除了写的东西什么也没有想……工作弄到疲惫不堪的地步，使我完不成，也丢不下。"②这与爱因斯坦的感受竟是那样酷似。

灵感潜伏达到这种境况时，创造者一般都如面临"山雨欲来风满楼"之势。所要解决的问题萦绕脑际，驱之不散，挥之不去，既感到毫无解决希望，又觉得答案就在眼前，但又抓它不着。于是心神不定，坐卧不宁，食不甘味，夜不成眠。有的还急躁易怒，与人相处也心不在焉，甚至闹出种种荒唐的笑话。这时，即激奋的情绪已经饱和到只差一个闪光点就有可能把"电路接通"的时刻，往往需要暂时的注意力转移。因为它

---

① 转引自〔英〕W. I. B. 贝弗里奇《科学研究的艺术》，陈捷译，科学出版社1979年版，第64页；亦可见《爱因斯坦文集》第1卷，第323页。
② 转引自〔苏〕科瓦廖夫《文学创作心理学》，福建人民出版社1982年版，第136—137页。

有助于避免因长时间紧张思考可能出现的心理定式（如人们常说的"钻牛角尖"），限制了活跃的思路。而且，也不致放过有可能起诱因作用的机遇。一般来说，过分集中于所研究问题的紧张情绪，是不易捕捉到机遇现象的。

梦境中的灵感，是说明灵感显现刹那神志恍惚或迷狂状态的最好例证。试想，凯库勒如果不是在梦幻中受着下意识的情绪支配而失去了自觉理智的控制，他是绝不能相信会看见原子在飞动，而且还会连接成蛇一般地在他眼前"轻蔑地旋转"的。所谓"日有所思，夜有所梦"，乃是白日集中思考时强烈激奋的情感思维，在睡梦中摆脱了理智思考的束缚而显得更为兴奋的缘故。到这个阶段，创造者的神志的确可以说达到了忘我、忘境的痴迷程度。当然，这种情况也不一定都是梦境状态。总之，正是在这种如痴如梦的时刻，或是外部的某种诱因，或是创造者本身头脑中活跃不羁的自由想象的导引，刹那间便会使得全身心突然出现一种总动员的应激状态。这时，犹如某些田径比赛项目中运动员一刹那的最佳竞技状态一样，创造者长期以来的各种思考线索，呼啦一下子汇聚于一点，答案便如同闪电般地呈现在"眼前"。也就是说，各种杂沓纷呈的思绪，刹那间突然被厘清，于是创造者茅塞顿开，如释重负，就会立即从"梦"中（或"神游"中）惊醒过来。而且，在这种"如梦方醒"的颖悟状态下，通常的表现则都是狂喜、惊呼，高喊"找到了！"，等等。这也就是人们常说的"顿悟"。

一般情况下，紧接着所谓"顿悟"而来的惊喜之后，便是异常的情绪高涨。这种情绪高涨，有时表现得也如诗人的"神经性发作"一样。如爱因斯坦谈到他得到灵感后，撰写相对论第一篇论文时所说：

> 这几个星期里，我在自己身上观察到各种精神失常现象。我好像处在狂态里一样。①

这时，创造者多是迅疾投入紧张工作，从而使刹那间的灵感启示凝聚为永世长存的丰硕成果。如俄国化学家门捷列夫作出伟大发现的一天，就是一个典型的例证。苏联著名哲学家凯德罗夫根据大量文献资料，这样描述了门捷列夫提出元素周期律当天的情况：

> 就在作出发现的那天，他应当动身离开彼得堡去办与周期律毫不相关的事情。但是，就是在一切行动准备就绪

---

① 见〔苏〕里沃夫《爱因斯坦传》，商务印书馆1963年版，第63页。

的时刻，门捷列夫突然产生了未来的元素体系的思想……门捷列夫当时正坐在箱子上，很快就要上火车了……他竭尽全力，以便尽快在极短的时间内巩固闪现于心中的天才猜想，然后赶火车。结果便造成了如下棋比赛时那种难以置信的"思索时间不足"。这时，他不得不几乎是闪电般地"下棋"。正是在这种特殊的"思索时间不足"之中，诞生了这个伟大的发现。在一天的时间里，门捷列夫甚至派人把一份元素表送到印刷厂付排。[①]

总之，在科学灵感显现过程中，一个明显特点是始终伴随着情感思维的作用。加之引发的随机性、显现的瞬时性等特点，就使科学灵感也如文艺灵感一样，往往易为各种唯心主义哲学家所垂青。目前，人们虽一般不再像过去那样说科学灵感也是所谓"神授""天生"的，但把它完全归诸非理性的东西则大有人在。如波普尔就曾把灵感与想象、直觉都混为一谈，认为："新观念、新理论的创造部分是非理性的。这是一个所谓'直觉'或'想象'的问题。"[②]这种非理性主义观点，是

[①] 《论直觉——凯德洛夫答〈科学与宗教〉杂志问》，《哲学译丛》，1980年第6期，第33页。

[②] ［英］波普尔：《三个世界》，《科学与哲学研究资料》，1982年第3期，第144页。

不符合科学发现过程的客观事实的。首先，作为科学发现的新观念、新理论得以成立，绝不能只限于提出它们的当时，发现前的准备和发现后的验证，都是必不可少的重要组成部分。其次，即便仅就提出新观念、新理论当时而言，也不只是具有非理性色彩或因素的灵感思维（波普尔笼统地把它包括在直觉概念中）的作用。大多数科学发现可能并不一定都有灵感的作用，而必然起作用的想象活动则全然不是像他所说的就是非理性的东西。我们还将看到，有可能起作用的直觉思维形式，也不全然是等同于灵感思维的现象。最后，就是灵感现象，也不能简单地说它完全就是非理性的。这一点需要略作分析。

毋庸讳言，灵感确是具有一定程度非理性因素的现象。也就是说，它通常出现在不自觉意识或无意识状态，也即非清醒的理智状态下，至少是创造者本人不能自觉地意识到它究竟是怎样出现的。而且，如果创造者企图有意识地等待灵感的来临，那也就根本不会有灵感。正如德国唯物主义哲学家费尔巴哈所指出的："热情和灵感是不为意志所左右的，是不由钟点来调节的，是不会依照预定的日子和钟点迸发出来的。"[①]然而，这也绝不意味着灵感的显现就全是非理性的东西。灵感，

---

① 《费尔巴哈哲学著作选集》下卷，生活·读书·新知三联书店1962年版，第504页。

作为创造过程中思维活动的高潮,首先是创造主体长期从事科学研究活动的实践经验和知识储备得以集中利用的结果。其次,它是创造者日积月累地针对所要解决的问题穷思竭虑后,各种思考线索凝聚于一点时的集中爆发。最后,更重要的是,它是在这一爆发点上创造者全部有意识与无意识活动的大汇聚。也就是说,它既包括创造者的全部理智与才能,也包括各种逻辑的与非逻辑的思维形式,即逻辑的、经验的、意象的,以至美感鉴赏与辩证的思维形式,特别是创造性想象与情感思维的作用等的全面沟通和大融合。从人脑的活动看,则是大脑左右两半球功能的高度协调一致,特别是右脑功能的充分调动,以及皮质各区域与皮质下各部位,亦即整个人脑网络系统全面有机调动的结果。总之,它是创造主体全身心的总动员,是他所具备的全部智力的与非智力的心理因素的大调动;是创造过程中最优化的生理—心理状态,也是各种思维形式融会贯通的一次系统的整合。正如一位有经验的作家根据切身体会所说:灵感,它是"创造主体的全人格的投入。一切,都在行动。感情、思想、想象都没闲着。而最活跃的,却是充满感情的想象"[1]。显然,文学创作的这种灵感体验,与科学创造的灵感现象,在本质上是一致的。

---

[1] 作者与作家戴厚英的私人通信。

由此看来，人们熟知的大发明家爱迪生关于灵感的格言，确乎深刻。即当有人把灵感看成只是一种非理性的冲动，而又认为它是天才的标志时，爱迪生并不绝对反对有天才。但他认为："天才乃是99%的勤奋加上1%的灵感。"在一定意义上说，灵感和直觉是天才人物思维的标志性特征。但灵感之所得何以来？借用王国维的概括就是：灵感到来时那一瞬间的蓦然所得，正是经过"望尽天涯路"的长期积累和全面准备；"消得人憔悴"的殚思竭虑和矻矻求索；以及"众里寻他千百度"的倾心仰慕和穷追不舍，而后必然导致的结果。清代画竹大家郑板桥的《题画竹》诗说：

四十年来画竹枝，日间挥写夜间思。
冗繁削尽留清瘦，画到生时是熟时。

那瘦竹的俊俏多姿，恰似那蓦然积聚于一点的灵感闪光的写照！所以，如果说灵感确有非理性因素这个方面的话，那它顶多类似于核能聚变刹那的一次爆炸性闪光的作用。如果以为瞬间的闪光即等于全部核能本身，那不过是盲人摸象；但对这惊人的闪光视而不见，自然也无道理。

五 关于直觉

只是一阵闪光掠过我的心头,我心中的意志就在里面实现。

——但丁

一天傍晚,著名法国物理学家安培在街上散步,忽然,他领悟到一道算题的解法,便随手从口袋里掏出白天剩下的一截粉笔头,向前面的一块"黑板"走去,并在上面演算起来。可是,没等他算完,"黑板"却一下子挪动了地方,他只好追在后面一边走一边继续演算。谁知"黑板"越走越快,直到他都追不上了。这时他才发现,街上的人都在朝他哈哈大笑。原来那走动的并不是黑板,而是一辆黑色马车车厢的背面。

类似安培这样的关于科学家的故事,还不知有多少在长年累月地流传着。诸如:陈景润走在路上撞到了电线杆,居然还问是谁撞了他;牛顿饿着肚子看见别人吃剩在盘子里的鸡骨头,竟以为自己早吃过饭了;爱迪生新婚之夜,置贺喜的客人和新娘子不顾,自己却躲在实验室里做实验;高斯在爱妻弥留之际,还伏在书桌上告诉通知他的人说:"让她别忙,再等一等!"阿基米德更是要求要杀他的罗马士兵等一会儿,以便他证完一条几何定理……这些故事看来荒唐,却未必全是夸张。任何人全神贯注时都有可能忘却其他而作出违背常理的事,更何况这些大科学家往往是在冥思苦索或正在灵感颖悟中,所以才会有这样一些近乎癫狂的表现。

所谓灵感颖悟或顿悟,也就是所追寻的问题解答,在灵感状态下突然脱颖而出,使创造者一下子悟出其真谛的过程。在这个过程中,正是直觉思维在发挥着作用。或者说,灵感颖悟或顿悟,正是灵感达到高潮时,直觉思维发挥作用的结果。所以,人们往往对灵感与直觉不加区分,也就是因为这两种思维形式通常都是在这种顿悟状态下相重合地表现出来。但是,直觉思维中却并不一定有灵感现象。换言之,灵感思维必然达到直觉顿悟;而直觉却不一定出现在灵感之中。不过灵感显现时的直觉,其作用又的确显得更为突出。这也正是灵感与直觉既有区别又有联系的地方。

关于直觉,爱因斯坦曾有一精辟见解,即认为直觉依据于"对经验的共鸣的理解"[①]。把"直觉"与"经验"联系起来,以及与由经验所引起并同经验达到共鸣程度的"理解"联

---

① 许良英等编译:《爱因斯坦文集》第1卷,商务印书馆1977年版,第102页。

系起来考虑，含义颇为深刻。具体有三点：①直觉是对问题的内在规律（即客观事物的本质联系）的深刻理解；②这种理解来自经验的积累；③它是经验积累到一定程度突然达到理性与感性产生共鸣时，而表现为豁然贯通的一种顿悟式的理解。所以，严格说来，用"顿悟"来表示灵感并非完全贴切，"顿悟"的实质在于它是创造者对客观事物的规律性获得直觉认识时的一种外在表现。

我们曾在第一章里提到，较早在创造思维研究领域使用"顿悟"一词的，主要是20世纪初的格式塔心理学派。格式塔派心理学家苛勒，曾对黑猩猩的学习行为进行过长期的实验观察。典型实验例证之一，是一只起名叫苏丹的黑猩猩，当它在笼内用几根竹竿够不着笼外香蕉的情境下，经多次"尝试与错误"的过程后，一次在玩弄竹竿时，突然"灵光一闪"（flash of insight）而把两根竹竿连接起来，并进而够着了香蕉，使问题得到解决。[①]格式塔学派这一研究，本来是为了排斥动物心理学家、行为主义学派先驱人物之一的桑戴克，关于动物只有通过"尝试与错误"方法进行学习的理论观点，而认为动物通过学习以解决问题，主要是靠适宜情境下的"顿

---

① 参阅[美]杜·舒尔茨《现代心理学史》，人民教育出版社1981年版，第304—307页。

悟"。格式塔学派另一代表人物韦特海默进一步把对顿悟现象的研究推广到人的创造性思维领域中。明确提出"试—误"式的盲目重复很少有创造性,而只有安排情境(如黑猩猩实验中的空心竹竿与香蕉等以巧妙设计的方式同时出现在一个完整的情境中),以促使产生顿悟,才是最有效的发展创造性思维的学习方法。其实,在我们看来,格式塔派的黑猩猩实验,实际上也是证明了顿悟现象是通过"试—误"过程而得到经验积累后的结果,合理安排的情境则在其中起到了极为重要的诱因作用。也就是说,在一定情况下,"试—误"与"顿悟"恰是通过经验积累而达到直觉理解的两个相衔接的环节或步骤。因而片面强调或否定其中一个环节,都未必全面。对顿悟现象的这种理解,与爱因斯坦关于直觉依据的见解正相吻合。

由此可见,直觉也绝不像某些直觉主义者所宣扬的是什么神秘莫测的现象,它不过是从感性经验达到理性飞跃的人的认识过程的一种特殊表现形式。尽管我们不能从这种认识形式里明确分析出它的逻辑程序,如像归纳过程那样,以感觉经验为依据,从个别到特殊,从特殊到一般地逐步达到概念、命题,以至理论的理性认识。但就它也是从客观到主观、从经验到理性的认识过程而言,本质上仍是一致的,只不过它的这个过程是一下子完成的罢了。所以,直觉在表现形式上则恰恰是明确的逻辑程序的中断。因而有人认为"直觉是瞬间的推断，是逻辑程序的高度简缩"[1]，不是没有道理的。

直觉如同灵感一样，并不是在所有科学创造过程中都存在的现象。从认识主体来看，它也是具有极大的个体差异性特点的一种心理现象。不是任何科学创造者都有这种主观体验，也不是每一个正常思维的人，都具有这种直觉认识力。当然，这也绝不是什么神秘莫测的事情。一般说来，这种思维能力，正是创造主体长期观察、实践、勤学、苦思的结晶。

关于直觉思维形式的表现特征，苏联心理学家O. N.尼基福罗娃集多数学者的看法概括为七点。[2]即：

1. 直接性；

2. 没有推论；

3. 不存在某种努力和困难，过程似乎是自己进行的；

4. 过程伴随着对直觉结果之正确性的坚信感；

5. 这一过程的理智性，它使直觉有别于冲动性行为；

6. 直觉过程与解决新任务相联系，这使它有别于习惯和熟练；

---

[1] 见张巨青主编《科学逻辑》，吉林人民出版社1984年版，第51页。
[2] 见［苏］尼基福罗娃《论直觉》，《外国心理学》，1982年第2期，第31页。

7.快速性或瞬间性。

以上概括颇有参考价值。其中除有的属于创造性思维的一般性特点(如第6点指明与解决新任务相联系)外,再概括一点,也可以说不外有三个方面的特点。即:

(1)直觉的非逻辑性(如第1、2、3、7点所涉及);

(2)直觉认识的信念的坚定性(即第4点);

(3)直觉的理智性(即第5点)。

关于第(1)方面我们早已明确,这里不赘述。第(3)方面所谓直觉的理智性,这正是与灵感的重大区别之处。直觉作为一种对经验的共鸣的理解,也就是一种从感性经验一下子直接上升到理性的认识方式。所以它的理智性特点是不言而喻的。需要加以分析的是第(2)方面,即所谓直觉认识的信念的坚定性特点。

关于这一点,我们实际上也已涉及。如我们曾先后提到过德国数学家和物理学家魏尔提出引力规范理论的直觉,爱因斯坦建立狭义相对论时的直觉,都说明他们对于当时所表现出来的看起来明显违背常理和逻辑的思想,竟都抱有坚定的信念。而且指出,这正是直觉思维的一大特点。现在我们知道,直觉的这种坚定信念感,正是创造者在长期的经验积累过程中逐渐形成并得以巩固起来的。伴随着直觉的坚定信念感并不是主观自生的，而是科学家在长期的科研实践中，自觉不自觉地运用唯物主义世界观和辩证思维方法的结果。科学家在创造实践中，总是坚定地以客观世界为对象，以揭示客观规律为己任。因此，他们便有可能在不断取得经验的同时，使自身的理解力、判断力、鉴赏力和洞察力等，也都得到全面的培养和锻炼。这对于揭示客观事物的真实联系或固有规律性来说，则具有重要意义。当这种锻炼达到一定水平时，一旦针对某一特定任务的需要，它就有可能在某一时刻甚至某一瞬间，以直觉这种特殊的思维形式，综合地表现出来。因此，当一个科学家得到这种认识时，他们自然会对自己能突然颖悟到真理这一点坚信不疑。

由此可见，直觉，以及伴随着直觉过程的对直觉结果之正确性的坚定信念，不仅不是什么盲目性的表现，而且更不是什么神秘力量起作用的结果。正因为如此，所以像爱因斯坦这样成就卓著的科学家，对直觉的作用称道不迭、重视无已，不是没有道理的。爱因斯坦不但多次提到过自己相信直觉，而且认为其他一些科学家的直觉能力，同样也对他们的科学创造起了重要作用。

然而，尽管一些科学家对自己的直觉往往抱有坚定的信念，但这也并不表明，科学家依靠直觉就必定能为之带来成功的科学创造。直觉如同灵感一样,也是一种具有极大或然性和随机性的思维方式。它并无确定的规则和程序可以遵循,人们既不能预先确定它出现的时间和具体方式,也不能保证它必定导致成功的结果,因而也隐含着极大的不可靠性。这是因为直觉所启示的问题答案在未得到确证之前,终究还是一种猜测。猜测就不能不具有或然性。即令这种猜测并非无缘由的妄断,但作为人的一种心理活动的结果,终难免受到创造过程中,与创造者有关的各种主客观条件的限制。极其信赖直觉作用的爱因斯坦,也曾生动地谈到过这一点。他把处于三维空间的人与一只压扁了的臭虫相类比,风趣地说:这只生活在二维世界里的臭虫"不能把第三维直觉地想象出来。人就同这只不幸的臭虫完全一样,处在这样的情况中,只有一点区别,那就是人是三维的。在数学上,人能想象第四维,可是在物理上,人不能看到和直觉地想象第四维。"[①]

由此可见,虽然从经验直观(即所谓"在物理上")直接得到颖悟的直觉,在创造性思维中具有重要作用,但它也绝不可能包办代替一切。仅从上述例子看,这里至少还表明了数学抽象的重要性。对于科学创造来说,还是只有各种思维形式的

[①] 许良英等编译:《爱因斯坦文集》第1卷,商务印书馆1977年版,第286页。

充分调动和协调运用，才是有利的。爱因斯坦根据切身体验极为重视和强调直觉的作用，同时也看到了直觉思维形式可能受到的局限，这对创造性思维的研究是有促进作用的。但是，爱因斯坦在强调直觉作用过程中，认为要得到物理学上的那些普遍性的基本定律，只有直觉的通道，而无逻辑桥梁①的说法，却未免有过偏之嫌。诚然，单凭经验归纳是不可能完全把握客观世界的必然性规律的；但以直觉来完全排挤和代替经验归纳，也会陷入另一种片面性之中。如爱因斯坦所推崇的普朗克就对此作了相反的强调，他说：“物理定律的性质和内容，都不可能单纯依靠思维来获得；唯一可能的途径就是致力于对自然的观察，尽可能搜集最大量的各种经验事实，并把这些事实加以比较，然后以最简单最全面的命题总结出来。换句话说，我们必须采用归纳法。”②但"必须采用归纳法"，又不应该等于"只是采用归纳法"。

总之，承认以至强调直觉思维在探索未知中的创造性作用，是极其必要的；不过在作这种强调时，也不能把它的作用夸大到不适当的地步。

---

① 许良英等编译：《爱因斯坦文集》第1卷，商务印书馆1977年版，第102页。
② ［德］普朗克：《从近代物理学来看宇宙》，商务印书馆1959年版，第26页。

第四章　创造才能与集团创造力

一　创造才能的智力因素与非智力因素

好奇的目光常常可以看到比他所希望的东西更多。

——莱辛

据一位传记作家记载,著名苏联生理学家巴甫洛夫在一次夏季休假中,和一位朋友比赛采蘑菇,看谁每次从森林中采集到的蘑菇多。结果他每次都是优胜者。那天,巴甫洛夫正准备和家眷一道回彼得堡,他的朋友突然跑来把一堆比过去哪次采集的数目都多的蘑菇放在桌子上。看到这情景,巴甫洛夫竟放弃了回彼得堡的车票,马上跑到森林里去。这一次他又获得了胜利。

巴甫洛夫就是这样一位不仅在工作中,而且在休息时也总是表现得充满热情和活力的人。他对许多事情都感兴趣，甚至说："简直不知道，我该做什么样的人才感到最幸福——是农夫，是烧锅炉工人，或是科学家！"[①]他爱好搜集，喜欢文学艺术和音乐，一个时期曾有计划地参观了当时所有的画展。

巴甫洛夫是世界上第一个以生理学研究成果荣获诺贝尔奖的科学家，也是独树一帜的高级神经活动学说的创始人。表面看来，上述情形似乎与他的科学创造活动并无直接关联，但它们却充分显示了巴甫洛夫鲜明的性格特征。尽管这些特征与直接为科学创造服务的智力品质有区别，但正是这些非智力的心理品质与智力的心理品质高度和谐的有机结合，才构成了一个科学家独具特色的创造才能。

所谓智力，主要是指人们认识事物和解决问题的能力。作为科学创造才能的智力品质，一般应包括科学的观察力、注意力、记忆力、思维力、想象力，以及信息检索能力和实际操作能力。杰出人物的高智力水平，还往往表现出具有出类拔萃的科学鉴赏力和直觉洞察力。

科学观察力较之一般观察力的高明之处在于，它不仅需要有目的、有计划，即针对要解决的问题定向地加以使用，而且

---

① 转引自［苏］阿斯拉强《伊·彼·巴甫洛夫——生平和科学创作》，莫斯科外国文书籍出版局1955年版，第26页。

要善于尽可能不放过眼前出现的其他无关细节。如达尔文就曾认为自己这方面"要比一般人高明些"①。达尔文的儿子也曾谈到过他的这一特点：

> 他希望由一个试验中尽可能多地知道一些东西，所以他的观察并不限于试验所要解决的唯一问题；
>
> 他的一种思想特点对他似乎是一种特别和极其有利的条件，因此它引导着他有所发现。这个特点就是，他有一种能力决不使例外逃出注意。……他在发现例外方面有一种特殊本能。②

科学研究中注意力的作用，确是和敏锐的观察力紧密联系着的。因而它既需要具有能够专注，即持久地定向注意的特点，也需要有良好的注意分配。不用说，没有专注的能力根本不可能进行有效的观察；但没有适当的注意分配能力，则往往容易放过专注视线外的某些细微变化或其他有关细节。对于科学创造活动来说，无论是注意集中的能力，还是注意分配的能

---

① ［英］达尔文：《自传》，［英］F.达尔文编：《达尔文生平》，科学出版社1983年版，第85页。
② 同上，第125、127页。

力都是重要的,漫不经心则是创造的大敌。良好的观察力和注意品质都可以通过培养和锻炼得到改进。

记忆力在智力结构中的地位是不言而喻的。没有记忆力的作用,就不能储存信息,因而也无从为产生联想、进行思维、发挥想象力以及其他高级智能的作用提供必需的原材料,整个智力构架也就要坍塌。所以也可以说,记忆力是完整的智力结构的基础。一般来说,有成就的科学家都有良好的记忆品质。这种记忆品质通常表现为识记速度快,保持时间长,准确度高,并能较快地提取所需要的原型映象。当然,每个科学家在这几方面的具体表现还会各有短长。人脑的记忆潜力是极大的,在科学家中确有一些记忆力非凡的实例。但对于科学创造来说,实际上却并不一定都需要特殊非凡的记忆力。达尔文就曾说过他虽然有广泛的记忆力,但很模糊;只是曾经观察过或阅读过的东西,过后能想起在什么地方去寻找根据。他甚至说:"在某种意义上,我的记忆力可说是坏的,因为我从来不能把一个日期或一行诗记下来。"[1]爱因斯坦也说过类似的话,他并不把一切都记在头脑里,因为许多东西都可以查找而并不需要都记住。这种经验也许对于科学创造更实际。重要的

---

① [英]达尔文:《自传》,[英]F.达尔文编:《达尔文生平》,科学出版社1983年版,第85页。

是，必要的记忆力是智力结构的基础，是完成创造活动不可缺少的基本能力，但它本身并不是目的。

关于思维力、想象力以及科学鉴赏力和直觉洞察力，我们在前面章节中曾从创造性思维形式或过程的角度涉及，这里则是从创造主体的智力品质的角度来讨论。如思维力即是指创造主体的逻辑思维能力和辩证思维能力。我们知道，辩证思维是创造性思维中发挥指向、导航和调控作用的思维形式。正如卢森堡对所谓"两面神思维"所作的分析那样，它本身就是一种能激发各种创造性思维作用的"高级创造性思维"。因此，作为一个创造主体，是否具有辩证思维力，正是判别其智力品质中是否具有高级的创造思维能力的一个极其重要的方面。科学鉴赏力与科学美感、灵感和直觉等都有密切关系。如我们曾谈到数学家魏尔提出引力规范场论的过程，说明科学美感导致直觉认识的作用。这种科学美感，从客观上说是来自物质世界的和谐美；主观上则主要是魏尔的科学鉴赏力发挥作用的结果。所以，所谓科学鉴赏力，就是科学家的主观认识水平和情感思维，与客观规律性之间产生共鸣，也即相通、相谐和共振的表现。因此，当科学鉴赏力发挥作用的时候，往往也是导致科学家产生直觉认识的前奏。因而科学鉴赏力与直觉洞察力之间实际上是相通的。直觉洞察力则是科学家长期积累的感性经验认识，在特定条件下快速地达到与理性认识同步完成的一种能力，它在很大程度上是受着科学鉴赏力的激励的。总之，辩证思维力、科学鉴赏力和直觉洞察力这些高水平的智力品质，也如观察力、记忆力、逻辑思维力、想象力等一样，都是可以在不懈的科学实践中得到锻炼和提高的。翻开科技史籍即可看到，那些天才的科学家之所以具有这些非凡的思维能力，可以说无一不是由于他们对科学充满热情并不懈地努力奋斗的结果。

随着现代科学技术的发展，愈益显示出信息检索能力和实际操作能力在创造才能智力结构中的重要地位。20世纪中叶控制论创始人诺伯特·维纳曾明确地指出："如果17世纪和18世纪初叶是钟表的时代，18世纪末叶和19世纪是蒸汽机的时代，那么现在就是通讯和控制的时代。"[①]自那以后，人们越来越意识到，对于现代社会来说，信息检索能力实际上已经构成衡量一个人的智力发展水平的重要尺度。在科学创造才能的智力结构中，它更是一个不可忽视的重要环节，因为创造过程的每一步骤都绝不可缺少信息。在当前所谓知识爆炸的时代，各种科技文献资料浩如烟海，我们不具备一定的信息检索能力，便无从有效地从中筛选、提取有价值的信息，科研活动则将陷入盲目之中，当然也就不可能有什么创造。国外学者对一些科学

---

① ［美］N. 维纳：《控制论》，科学出版社1962年版，第39页。

家的调查表明，他们查阅情报资料的时间，几乎要占用自己全部科研时间的50%以上，足见具备信息检索能力的重要性。

实际操作能力在从事实验科学和技术发明的创造才能的智力结构中，从来就是一个不可或缺的重要方面。对于现代科学技术来说，它的重要作用则更是扩大了范围。例如各种交叉学科（如物理化学、生物物理学、脑科学，以至于遗传工程等）的出现，实际上已经打破了理论研究与实验研究的严格界限，因而也愈益显示出实际操作能力在科学创造才能智力结构中的重要地位。

总之，在创造才能的智力结构中包括上述诸多因素，而且它们彼此间是相辅相成地发挥作用的。片面强调其中任何一种能力而忽视其他，都不可能施展出创造才能。如单纯发展观察力顶多可能成为一个搜集家，单纯发展记忆力至多能充当积累知识的储存器；而没有一定水准的观察力、注意力和记忆力来捕捉信息、储备知识，思维力和想象力又根本不可能得到发展，也不可能达到具有科学鉴赏力和直觉洞察力的水平。而这一切能力又往往需要通过实际操作能力的发挥而体现出来。可见，只有多因素智力结构的协调发展，才有可能构成一个有效运转的智力（或智能）系统，为形成现实的创造才能提供必要的前提。

然而，创造才能的真正实现还有赖于一些非智力的良好心理品质。也就是说，只有协调发展的智力结构与一些非智力心理品质有机结合，才能真正使创造才能转化成为现实性。这些非智力的心理品质即如：对大自然奥秘的好奇心和惊讶感；对科学创造的浓厚兴趣和炽烈而深沉的热爱；忍耐性、坚持性和百折不回的顽强意志；善于怀疑、敢于进攻的勇气和魄力；以及严于自我批评的谦恭精神；等等。这里需要特别提出的是好奇心和惊讶感，善疑的品质和进攻性。爱因斯坦就特别重视好奇心和惊讶感的意义，甚至认为："谁要是体验不到它，谁要是不再有好奇心也不再有惊讶的感觉，他就无异于行尸走肉，他的眼睛是迷糊不清的。"[1]这种强调不无道理。如果一个人没有对大自然奥秘的好奇心和对井然有序的自然规律的惊讶感，首先便无以激起探索未知，进行发明创造的兴趣、要求和勇气，自然也谈不到上述其他那些心理品质。从这个意义上说，好奇心和惊讶感的确可认为是"科学创造的出发点、动机和推动力"[2]。从一个人的成长过程看，这种品质更多表现在知识甚少时的孩提时期。随着岁月流逝、知识增长，以及种种

---

[1] 许良英等编译：《爱因斯坦文集》第3卷，商务印书馆1979年版，第45页。

[2] 舒炜光：《爱因斯坦问答》，辽宁人民出版社1983年版，第150页。

主客观条件的限制，好奇心的嫩苗往往会在不知不觉中被扼杀。而往往只有那些除科学创造外置其他于不顾的人，有可能保持这种童稚之情，如爱因斯坦常被赞誉到老也保持着这种纯真的品质。他本人也曾经反复强调过应该改进学校的教学方法，重视培养和鼓励这种品质。

善疑和进攻的品质，对于科学创造来说也是难能可贵的。我们知道，创造就是要解决问题。如果对一切现存事物都习以为常，不加怀疑，不提出新问题，自然也不会以进攻的姿态去发现、去创新，纵令有一定的智力水平也只能是因循守旧，而难以在已有成就的基础上取得创造性成果。所以，怀疑和进攻可以说是促进创造的支撑点。怀疑和进攻意味着冒一定的风险，也就是说，还需要有一点探险家的精神。创造与冒险也可说是一对孪生兄弟，否则也谈不上什么辟蹊径，走新路，作出创新。

上述这些非智力的心理品质是相互联系的，它们共同地发挥着单纯智力因素所不能代替的积极作用。而且，总的来说，它们是建立在得到较完善发展的个性心理品质基础之上的。这种个性心理品质首先即表现为对人类、对社会具有崇高的理想和奋斗目标。正如苏联大文豪高尔基对青年们所说："我常常重复这一句话：一个人追求的目标愈高，他的才力就发展得愈快，对社会愈有益；我确信这也是一个真理。"[①]的确，只有具有崇高理想和奋斗目标的人，才可能对生活、对人生、对事业充满热情，不断追求和创造。有一条发人深省的外国格言说："一条路，几千年来这条路或是通向死寂的人心，或是通向悲泣的人心，或是通向创造的人心。"[②]显然，对生活心灰意冷，对人生悲观无望，对事业漠然置之的人，是不可能具备和实现创造才能的。大凡有创造才能的人，多半都是像巴甫洛夫那样对生活充满激情，具有多方兴趣和爱好，个性得到较完善发展的人。爱因斯坦就不仅是物理学家，而且兴趣广泛，知识渊博，多才多艺，富于幽默感。他酷爱大自然，读过许多古典哲学名篇，常与人们讨论深奥的哲学问题，也对数学和物理学以外的其他自然科学学科深感兴趣。他还爱好文学、诗歌、戏剧，和诗人、剧作家交朋友。尤其爱好音乐，特别是古典音乐，不仅能即兴弹奏钢琴以自娱，而且常由著名钢琴家伴奏在正式音乐会上演奏小提琴。[③]可见爱因斯坦不仅是杰出的科学家，也是一个创造个性得到充分发展的人。

---

① ［苏］M.高尔基：《同青年作家的谈话》，《论写作》，人民文学出版社1957年版，第12页。

② ［苏］V.V.德鲁齐宁等：《思考·计算·决策》，战士出版社1983年版，第24页。

③ 见A.赖泽《五十岁的爱因斯坦》，赵中立、许良英编译：《纪念爱因斯坦译文集》，上海科学技术出版社1979年版，第177—188页。

所以，要具有科学创造才能，需要培养和锻炼良好的智力品质是不言而喻的；而得到全面培养和完善发展的个性心理品质，在一定意义上甚至更为重要。达尔文同样也是不仅热爱大自然，而且爱好绘画、雕刻、文学、诗歌和音乐。当他垂暮之年感到这类情趣有所减弱时，无限懊恼，以至不无感慨地说：

> 如果我必须再度享有我的人生的话，我大概要定出一条规则：每周至少有一次读一些诗，听一些音乐……这等兴趣的消失就等于快乐的消失，而且可能有害于智力，更可能有害于德性，因为它使我们本能中的情感部分衰弱下去了。[①]

二　创造性思维力的开发

光有智慧是不够的，还要善于运用它。

——西塞罗

一天深夜，著名的卡文迪许实验室领导人卢瑟福走进实验

[①] ［英］达尔文：《自传》，［英］F. 达尔文编：《达尔文生平》，科学出版社1983年版，第84页。

室，见他的一个学生还伏身在工作台上。于是问道："这么晚了，你还在做什么呢？"学生回答说："我在工作。""那你白天在做什么呢？""在工作。""那你早上也工作吗？""是的，教授，我早上也工作。"学生一边回答一边略显得意地期待着老师的赞许。谁知卢瑟福迟疑一下后说道："那么，这样一来，你用什么时间来进行思考呢？"

的确，卢瑟福是一位极为重视思考，也善于思考的伟大的物理学家和科学研究带头人。正是在他的培养和指导下，该实验室有十余人得到了诺贝尔奖的荣誉奖赏。他要求那位年轻人要有时间思考，就是说创造性的科学劳动不仅要有顽强的工作态度，尤其需要有一个勤于思考、善于思考，能够高效率地调动创造性思维力作用的灵活、变通的头脑。

创造性思维力是科学创造才能智力品质中最为积极、活跃的部分。我们知道，创造才能的智力品质是一个由多智力因素组成的具有一定层次结构的智能（智慧和能力）系统。在这个系统中，并非每一种要素都具有同样的创造性功能。一般来说，观察力、注意力、记忆力等，主要是获取知识和积累知识的手段，它们只是一般性的智力品质；只有思维力、想象力，以至鉴赏力和洞察力，才是具有创造性功能特征的思维能力，所以，也可以概括地称它们为创造性思维力。实际操作能力则是属于技能或技巧方面的活动能力，信息检索能力则既有技能或技巧的一面，也有获取信息以掌握知识、选择信息以参与创造的思维能力的一面。所以，各种智力因素的作用既是相互联系、相辅相成的，又有一定的分工。当然，这种分工也并非绝对，有的功能作用也还有交叉。但总的来说，真正发挥创造性作用的智力因素还是科学家的创造性思维力，其中尤以想象力、鉴赏力、洞察力和辩证思维能力的作用更为重要。因此，我们还可以称后面这几种智力因素为高级创造性思维力。以下简表可以概略地显示各智力因素的作用地位和其间的关系。

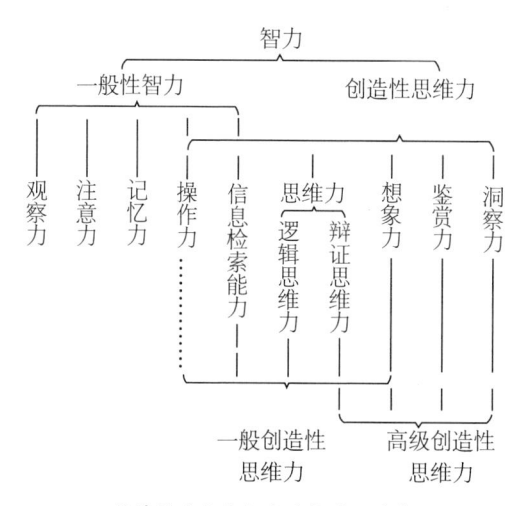

```
                          智力
         ┌─────────────────┴─────────────────┐
     一般性智力                          创造性思维力
  ┌────┬────┬────┬────┬────┐   ┌────┬────┬────┬────┐
 观察  注意  记忆  操作  信息    思维力      想象  鉴赏  洞察
  力   力   力   力   检索   ┌────┴────┐   力   力   力
                     能力   逻辑    辩证
                           思维    思维
                            力      力
                     └──────┬──────┘   └──────┬──────┘
                       一般创造性           高级创造性
                         思维力               思维力
```

科学创造才能智力结构系统简表

如简表所示，在创造才能的各智力因素中，最富于创造性的是属于高级创造性思维力部分的那些智力因素。它们是在考虑智力开发，特别是创造性思维力开发时，需要予以特殊注意的。但它们仍旧不是孤立因素，要开发创造性思维力，还必须充分考虑到这些因素与其他诸因素间的制约关系。如本书前两章曾较详细地分析过的创造性思维形式，就不仅仅是一个人的创造性思维力的体现，而且也是他的其他各种智力因素与非智力因素协同发挥作用的结果。如直觉思维形式，即不仅是某个创造者的直觉洞察力发挥作用的表现，而且也体现了他的各种智力的与非智力的品质的综合效应。但直觉洞察力在其中确实起着关键性的作用。不过，这种直觉洞察力，也还是与其他各种非智力因素和多因素智力结构水平相适应地发展起来的。所以，我们说开发创造性思维力，不能简单地理解为只是着眼于创造性思维力本身的各因素。

那么，对于一个从事科学创造的人来说，究竟如何开发自身的创造性思维能力呢？这里应包括以下三个方面的内容。

首先，要尽可能使自己成为具有多方面文化素养的人。一般来说，只顾专攻科学，对哲学和其他人文科学毫无兴趣或不予理睬的人，其结果只能把自己的眼界和思路紧紧束缚在狭小的天地里，而不能从源远流长的人类历史和民族遗产的文化宝库中，吸取丰富营养。宋代哲人朱熹在《观书有感》里说："半亩方塘一鉴开，天光云影共徘徊。问渠那得清如许？为有源头活水来。"方塘能清澈见底，在于有源头活水。博览群书，通晓事理，即令专攻一门、一题，也会由豁然贯通而受到意想不到的启迪。有一个特别引人注目的现象是，不少有成就的科学家、发明家，不仅一般地具有人文科学的训练，还往往是文学艺术的爱好者，甚至本人就是具有文艺天才的人。除我们曾提到巴甫洛夫、达尔文爱好文艺，爱因斯坦称得上是出色的小提琴演奏家外，这里再举几例。如欧洲文艺复兴时期的列奥纳多·达·芬奇既是大数学家、力学家和工程师，在物理学领域也有重要发现，还是以《蒙娜丽莎》等绝世之作永葆盛名的大画家。为氧的发现作出过贡献的俄国化学家罗蒙诺索夫也是著名诗人，以至于西欧很长时间里人们以为俄国有两个罗蒙诺索夫。闻名全球的发明大师诺贝尔，不但喜欢作诗，还写小说、编剧本。因创立量子力学荣获诺贝尔奖的德国大物理学家W. K. 海森堡，人们认为他本来应该是一位杰出的音乐家。举世闻名的我国古代天文学家张衡（78—139），也是能诗善文，曾作赋20余篇，还是东汉闻名遐迩的六大画家之一。这样的例子甚至不胜枚举。暂不论这里可能存在的更深刻的机制，这一现象至少表明，科学创造特殊地要求具有高水平的严密的逻辑思维能力，文学艺术情趣则有助于克服单纯发展逻辑思维力的片面性。而且，对于培养一个人的情操、意志、性格和个性来说，文学艺术的作用尤其明显。我们知道，鲜明的个性心理品质，往往是具有活跃的创造性思维力的重要标志。所以，许多有成就的科学家不仅有高水平的文化素养，还往往与文学艺术结有不解之缘，这不会只是一种偶然现象。

其次，既要有深厚的专业知识基础，还应具备本专业外更为广泛的科学知识。具有专业知识基础本来是不言而喻的。需要指出的是，随着现代科学技术的高速发展，所谓"专业知识"的概念也在产生变化，这首先是因为个人拥有的专业知识的老化速度正在日益加快。国外有人统计，一个大学毕业的工程师在开始独立工作的最初五年里，学校教授的专业知识就有一半会老化。除非再用10%的业余时间自修专业知识，否则就无从维持现代水平的生产。[1]这就是说，一个从事科学创造活动的人，只有不断地获取新知识以充实自己原有的知识储备，才算得上是真正具有专业知识。

更为重要的是，只熟悉本专业知识，对其他有关专业知识不甚了解，或全然无知，也往往难以在本专业方面取得突破。

---

[1] 见辽宁社会科学院情报所编《国外社会科学情报》，1984年第10期，第39--40页。

这是因为，客观世界是相互联系的整体，各门科学的研究对象尽管复杂多样、各具特色，本质上却都有着千丝万缕的联系，所以，科学史上不少有重大成就的科学家，往往也是几门专业知识的行家。如法国著名微生物学家L.巴斯德，在化学、生物学、兽医学和人体医学等方面都很精通，正是这一点帮助他在微生物学领域取得了一系列开创性成果，并成为近代微生物学的奠基人。号称"近代化学之父"的现代原子论创立者英国化学家道尔顿，引起地质科学领域突破性进展的"大陆漂移说"创始人魏格纳，原本都是气象学家。这说明，具有不同专业的科学知识，往往能起到举一反三、触类旁通的启发创造性思维的作用。特别是当代科学技术日益交叉渗透，呈现出综合化、一体化发展的趋势，谙练不同专业的知识，自然具有了更为重要的意义。此外，熟悉和掌握本专业的学科发展史和一般科技史知识，对于开发创造性思维力也具有不可忽视的作用。因为它能通过提供历史范例和经验教训而启发创造性思维。

最后，除了上述两方面外，还应懂得究竟如何进行创造性思维。如果说文化素养是背景，那么，专业的、非本专业的和科技史的知识则是基础。但它们本身还都不是创造。而且，对于开发创造性思维力来说，知识基础的作用还往往具有两重性。一方面，它可说是进行创造性思维所必不可缺的材料和能源;没有知识,连一般性智力的发展都会受到严重限制,更谈不上开发创造性思维力。另一方面,一味注重知识的积累,而不善于对知识的灵活运用,甚至为各种知识特别是传统知识所束缚,则反而会扼杀创造性思维力的发展。所以,有人把创造、智力与知识形象地比喻为一座"金字塔"的三个层次,是颇具寓意的。就是说,没有深广的知识作为塔基,就不可能矗立起坚实的智力塔身,进而也不可能有实现创造的塔顶明珠;而如果没有创造明珠的熠熠光辉,则根本不成其为雄伟壮丽的"金字塔"。由此可见,懂得如何进行和训练创造性思维,还具有这一层特殊重要的意义。

我们早已知道,完成一个创造过程不外以两种类型的思维形式——逻辑的与非逻辑的思维形式进行。从开发创造性思维力角度看,其根本区别在于:前者主要是调动一般智力和逻辑思维力,以及有关的非智力心理品质的作用,以线性的、集中式或收敛式思考方式,指向问题的解决。它对于解决方案或程序基本确定的情况具有重要意义,所以它的作用主要体现在创造过程的前阶段(即准备阶段)和后阶段(即验证阶段)。后者则主要是调动创造性思维力(尤其是高级创造性思维力)及有关非智力心理品质的作用,以非线性的、发散式的思考方式指向问题的解决。它面临的是需要自由进行而无确定解决方案的情况，这正是创造过程中实现创新的中心部分，主要表现形式便是想象、灵感与直觉。显然，收敛式与发散式思考方式对于创造过程都是必需的，但从人们思维方式的形成和发展过程来看，后者却是需要特殊加以训练的方面。这主要是因为传统的教育、教学方法，一般都不重视发展这种思维方式。

要训练发散式思考，首先需要具体分析这种思考方式的特点。美国心理学家J. P. 吉尔福特对这方面的研究卓有成效。他认为发散式思考方式具有三个基本特征，即流畅、变通、独特。所谓流畅，即少阻滞，反应迅速，能在短时间内表达较多的概念。变通，则是能做到触类旁通，随机应变，不受消极的心理定式的桎梏，因而能提出超常的新构想、新观念。独特，则是指解决问题的方式大大超过一般人。吉尔福特曾设计一种"非常用途测验"来测量这种思考方式的特点。如有一测验题目，要求受试者在8分钟内列出红砖的所有可能用途。一般反应都是把红砖局限在"建筑材料"范围内加以考虑，尽管有的列出许多种用途，也算流畅，但仍受着心理定式的束缚，只有打破"建筑材料"的框框，除了说可以"建房"之类外，还说可以垫脚、做门槛、压纸、打狗、支书架、磨红粉……这就说明有一定的变通性，而且还有可能作出具有独特见解的反应。所以所谓流畅、变通、独特三个特征，其实也是相互关联的。不流畅自然说不上变通,也不可能独特;而不变通也难以达到最大限度流畅,当然也不可能独特;独特则又应是流畅和变通的归宿。从创新来说,变通则应是其中的关键。它既是流畅的条件,也是独特的前提。所以,为要开发创造性思维力,最重要的便是要培养和锻炼思考方式的变通性,也即在解决问题过程中思维的灵活性和应变能力。而这除了需要在接受教育期间以及与人交往中受到启发和帮助外,最主要的便是要在运用中进行锻炼。

脑神经生理学的研究表明,培养和锻炼思维的灵活性和应变能力是大有潜力可挖的,因为人脑这个天然"智力库"远远没有得到充分利用。苏联心理学家鲁克曾提出"人脑超过剩"假说,认为人类由于从生物界分化出来,有了语言,以及与之相适应的抽象、概括的思维能力和自觉意识,从而大大减轻了维持人与生存条件取得平衡所必需的脑的生理负担,因而形成了人脑机能的"超过剩"现象。这种"人脑机能超过剩",便是人的智力有可能得到高度发展的生物学基础。实际上,早在20世纪,神经生理学的实验研究就已证明,语言和抽象思维能力主要只是左脑半球的功能(对右利手者而言)。近几十年来,美国神经生理学家、诺贝尔奖获得者R. W. 斯佩里等人的大量工作,更进一步揭示出人的右脑半球尽管没有发达的语言功能区，却承担着如图形识别、形象的学习和记忆、空间知觉、情绪的表达和识别等许多极为重要的高级功能。特别是在音乐、美术等特殊才能的掌握方面，也主要是依赖于右脑半球的功能作用。所以，一些研究者又进一步指出，主导语言和抽象思维功能的左脑是自觉意识（或显意识）的物质承担者，而与创造活动有着密切关系的如意象的、情感的，以及灵感、直觉等非逻辑方面的思维活动，则主要是在右脑的无意识（或潜意识）状态下进行的。当然，右脑半球与左脑半球之间，通过强大的神经纤维联结（主要是胼胝体），通常情况下都是协同动作的；因此，意识（或显意识）与无意识（或潜意识）心理活动之间，也是不断地相互转化的。严格说来，仍然是两个半球的协同作用，保证了创造性思维的顺利进行。

关于右脑半球与创造之间的关系，正是目前引起许多人关注和研究的问题。由于种种原因，一般来说，主要承担语言和逻辑思维活动的左脑半球，比较容易得到有保证的锻炼和开发。其主要表现便是集中式思考的能力能得到有效的锻炼。反之，非语言半球（即右脑半球）的功能则往往不易得到很好的调动，这在实际上是限制了发散式思考能力的发挥。所以，目前国内外学者大力提倡开发右脑功能的研究，这对于开发创造性思维力来说，无疑是具有重要意义的。

三 创造才能的类型与集团创造力

这个人的长处是技巧,另一个人的长处是才思;这个人手抚琴弦,可是没有创造出引人落泪或者发人深思的崇高和声;另一个人因为没有乐器,只能写出供自己歌咏的诗篇。

——巴尔扎克

九州生气恃风雷,万马齐喑究可哀!
我劝天公重抖擞,不拘一格降人才。

我国晚清进步思想家龚自珍(1792—1841),不仅写下了这样呼唤风雷以震荡社会,寄大希望于人才的气势磅礴、脍炙人口的诗句,而且对人才的特点还别有一番见解。他在一封信中说:"人才如其面",有文雅的、沉静的、和善的、庄重的;但也有急躁的("驶者成泷湍")、机敏的("怪者成精魅")、刚烈的("毒者成砒附")、散漫的("闲者成丘垤"),等等。也就是说,虽然后面这几种人在性格、气质上未必讨人喜欢,但他们同样也能成为有用的人才。这一看法是符合客观实际的。人才，不仅在性格、气质上各具其异，而且在其他智力的、非智力的品质上，同样也会各有特色。这是由每个人先天的遗传素质（主要指脑神经系统及各种感觉器官、运动器官在机能和结构上的特点），特别是后天的环境影响和所接受教育等诸多因素的不同所决定的。以科技人才而论，也正因为在智力的与非智力的品质上各有特点，所以在创造才能特征上也往往表现出彼此间的区别。比如在智力品质方面：有的人善于从事物的整体上作综合观察，有的人却习惯于分析性地观察事物的细节；有的人的注意力善分配，有的人的注意力却善集中；有的人感知形象记忆力强，有人却长于语词概念记忆；有的人抽象思维能力胜于形象化的想象力，有人却正好相反；如此等等。

在非智力的心理品质方面，情况自然更加复杂，我们这里综合地列举一二。如有人兴趣广泛，有人兴趣专一；有人情绪易波动，有人情绪趋稳定；有人意志坚毅，有人却略显脆弱。在气质和待人处事的性格表现上，有人热情冲动，有人理智沉静；有人善疑多问，有人却喜好独自沉吟；有人富于幽默，有人持重老成；有人常耽于幻想，有人更重现实；有人机智冒险，有人稳健审慎。表现在个性品格上，则有人更具自信心和独立性，有人却更为谦恭并且乐于和别人相处……

当然，以上只是列举，并不全面。而且无论是智力的或非智力的品质，这些都是对于较极端情况的较典型特征的描述，实际上并不是人人都表现得这样典型。大多数人都是处于中间状态，只不过通常都表现出一定的偏向罢了。以从事科技工作的人来说，这种偏向性则往往反映出他们所能具有的创造才能，大抵属于哪一种类型。

关于创造才能的类型问题，研究者意见不一，但总的来说一般都分为两大类型，即一是偏于创新的类型，一是偏于积累的类型。参照贝弗里奇的意见，大致有如下几种看法。

（1）猜测型与积累型：这是美国化学家 W. D. 班克罗夫特提出的。他认为，前者一般都乐于在科研活动早期就提出假说，而后再用实验加以证明；后者则愿意首先积累实验资料，然后在积累资料进行研究的基础上，逐步达到作出结论或提出假说。

（2）直觉型与逻辑型：数学家阿达马和彭加勒都持这种观点。他们的划分依据是看数学家的研究方法。主要凭借直觉方法进行研究的就为直觉型；主要按照循序渐进、有条不紊的逻辑步骤进行研究的，就为逻辑型。

（3）创造型与发展型：这是法国细菌学家 C. 尼科尔提出的看法。他认为，前者是具有创造发明才能的人，但并不一定是绝顶聪明的人，而且这种人不能储存知识。他们的思维方法主要是运用直觉。后者是一些有聪明资质的人，但他们没有独创精神，主要是运用归纳、推理和演绎的逻辑方法循序渐进地发展知识。

（4）浪漫型与古典型：德国化学家F. W. 奥斯特瓦尔德持这种观点。他认为，前者善于提出各种设想，而且任意畅谈自己的设想以影响他人，但在研究时却失于肤浅，很少彻底解决问题。后者的主要特点是使每项发现都尽量臻于完善，工作方法有条不紊，但却不善于在大庭广众之下谈自己的想法。

（5）推测型与条理型：这是贝弗里奇的看法。他认为，这种划分能够最方便地把两种不同类型区分开，即前者是适于探索性研究的类型，后者是适于发展性研究的类型。并且认为前者宜于单干或当科研领导人，后者则宜于参加科研小组与别人进行合作研究。

总起来说，以上这些意见，尽管在划分类型的根据和出发点上不无区别，但基本观点仍是一致的。即都是把具有创造才能的人划分为两大类，一类人长于探索和创新，一类人则长于积累和证明。所以，我们可分别称这两种类型为"创新型"与"积累型"。从创造才能的特点考虑，它们的区别则主要表现在智力的因素与非智力的因素两个方面。

其一，在智力因素方面。创新型人才的思考方式主要属于发散式，因而在他们的智力结构中，思维力，主要是立足于多面联系、两极思考的辩证思维力，以及科学鉴赏力、直觉洞察力等高级创造性思维力，一般来说有较好的发展。所以，他们思绪流畅、变通，不拘一格，因而也易于独特、出奇。上述所谓猜测型、直觉型、创造型、浪漫型、推测型等，从智力结构和思考方式角度看，所描述的种种特点，可说都不外乎于此。

与之不同，积累型人才的思考方式则属于集中式或收敛式。一般情况下，其总的智力水平绝不亚于创新型。但他们更善于沿着逻辑轨道有条不紊、循序渐进地处理面对的问题。只要不越常规，思绪并不一定阻滞，甚至也流畅，但缺少变通。如对红砖的用途，可以说出盖住房、盖礼堂、盖大厦、盖宫殿、盖庙宇……以至几十、几百种用途，却难以离开"盖房子"的范围。这种思考方式的特点是从一点到另一点，如 $A_1 \rightarrow A_2$，尽管也有发展，却局限在 $\overline{A_1A_2}$ 的线性方式上。也有可能从点到面，不过所追寻的多半是通过扇面形后仍达到符合逻辑规范的另一点上。即如下图所示：

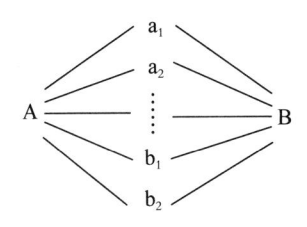

$$\begin{matrix} & & a_1 & \\ & & a_2 & \\ A & & \vdots & B \\ & & b_1 & \\ & & b_2 & \end{matrix}$$

如说红砖不但能盖房子，还能盖车库、砌炉灶、铺路面、筑城墙……甚至能说出几百、几千种用途，当然更为流畅，但仍然束缚在"建筑材料"范围内。所以，后者虽比前者在层次上有所突破，却受着二维$\overset{\frown}{AB}$的桎梏。也就是说，这种思考方式缺乏立体多变性，也即变通性，因而也难以有独创。但这种思考方式却极有益于积累知识，检验创新，巩固和发展成果。正如尼科尔所说：这种思考方式，"恰如泥瓦匠垒砖砌墙，直至最后大厦竣工"。[①]前述所谓积累型、逻辑型、发展型、古典型、条理型的各种特点，在智力品质和思考方式上，就都是这样。

其二，在非智力的个性心理品质上。一般来说，偏于创新型的人才，自信心和独立性强，兴趣广泛，情绪易波动，设想多，论点新，富于进攻性和冒险性，有的还表现为意识朦胧，

---

① 转引自[英]W. I. B. 贝弗里奇《科学研究的艺术》，陈捷译，科学出版社1979年版，第153页。

性情古怪，不善与人相处，奇谈怪议多，等等。偏于积累型的人才，则往往恰恰相反。但这里绝不涉及个性心理品质何优何劣的问题。因为是优是劣，要看面对的任务。而且一般来说，一个人的个性心理特征，往往总是其优长处也恰是其不足处。如自信心强者，有时也就潜藏着刚愎自用的危险性；反之，则有可能是谦虚谨慎。这些还受着其他更为复杂的因素的制约。我们这里不涉及其他，仅就两种不同类型人才，在个性心理品质上所可能具有的特点而言。

但实际情况是，纯属"创新型"或纯属"积累型"的人才恐怕极少，绝大多数都属于"中间型"。或者说，大多数是兼有两方面的一些特点，但又多少偏向于一个方面。例如爱因斯坦，不能不说他更多地属于"创新型"，但也不能说他不具备一些"积累型"的特点。诚如他自己所曾强调过的那样，真正的科学工作者必然是"严谨的逻辑推理者"，而不能不讲究逻辑，一味地浪漫。①反之，更多地偏于"积累型"的科学头脑，也很难说不能作出创新，只不过要完全不借助于"创新型"才能的一些特点，一味依靠资料积累和逻辑推导，作出创新的可能性太小罢了。重要的是，两种创造才能类型的形成是

---

① 许良英等编译：《爱因斯坦文集》第1卷，商务印书馆1977年版，第304页。

有多方面客观原因的，而且也各有其长处。从一个人的发展和最大限度地发挥创造力来说，则有必要从实际情况出发，尽可能地发挥自身的长处，而无须硬要在某一方面揠苗助长，或是强行压制某一方面的特点。当然，"创新型"人才在现实生活中的确显得更加难能可贵。这既是因为，现行的教育体制和教学方法往往不利于培养这种类型的人才；更由于这种类型人才的许多特点，也往往不易为更为实际的社会生活所接受。所以，强调珍惜这种类型的人才，是具有一定现实意义的。

但是，从科学创造本身来看，这两种类型的创造才能同样都需要，甚至缺一不可。这就涉及如何有效地发挥集团创造力作用的问题。事实上，一项具体的科学研究或技术开发项目，通常都不是单个人所能完成的，恰恰相反，协调一致的通力合作倒是极为重要的。20世纪以来，随着现代科学技术的发展，科研规模日益扩大的特点日益突出。与之相应，组成优化的科研集体，以发挥集团创造力的作用，也日益成为当代科学创造活动的重要特点之一。

组成优化的科研集体，发挥集团创造力的最佳效能，取决于诸多因素。不同类型创造才能的恰当匹配，则是其中关键性的方面。这是因为，科研集团的根本任务在于从事科学创造，而科学创造说到底是人的智力活动，特别是创造性思维活动的直接显现。所以,科研集团成员各自具有什么样的创造才能,以及是否做到了合理匹配,便是直接关系到能否出成果的关键问题。作为一个优化组合的科研集体,最好应该既有"创新型"人才,又有"积累型"人才,而且尽量使他们的特殊才能得到合理的发挥。一般来说,创新型人才更适于探索性研究;积累型人才则适于在已有成果基础上进行发展性研究。为了配合得当,有人甚至试验把他们以"流水作业"的方式加以组合。如英国有的大型商业性研究机构,专门雇用创新型人才随意进行设想,同时雇用积累型的人才,对其中可能有价值的设想加以检验和发展,而不再让前者过问。[①]不过,科学创造活动是一种极复杂的过程,两种类型人才的合理使用并不等于一定都要采取这种方式。重要的是在科研集体中,尽量使这两种类型的成员有条件做到相互取长补短,各尽其才,相得益彰。

除了不同类型人才的合理使用外,科研集团的优化组合还涉及其他许多因素。其中第一位的因素,当然是看基本任务是属于纯理论性研究还是应用性研究。两种不同性质的任务,对于成员的要求应该是有一定区别的。但总的来说,无论是纯理论性研究还是应用性研究,本质上都属于探索性的工作。所谓

---

① [英]W. I. B. 贝弗里奇:《科学研究的艺术》,陈捷译,科学出版社1979年版,第154页。

应用研究，并不等于现成知识的简单搬用，它同样需要在未知领域的应用中探索进行。所以，应用研究往往也是发现新事实、开拓新领域的重要途径，它与理论研究之间不仅不是绝对割裂的，而且是相辅相成的。从如何达到科研集团的优化组合来说，这两种不同性质任务的科研组织，在一些必须具备的基本要素上，理应是一致的。这些基本要素主要包括：得力的科研领导人，高效率的组织、管理，科研、科辅和管理人员之间的合理结构与心理相容，科研人员在创造才能类型、知识构成、专业构成和年龄构成上的有效互补，等等。从根本上说，都是要有利于调动集团中每一成员的积极主动性，以实现集团整体创造力的最佳综合效应。

不难看出，上述多种因素中，得力的科研领导人是其他各因素能否具备并发挥有效作用的决定性因素。一般来说，这样的领导人除其他必要条件外，以下三种品质是极其需要的，即：开拓精神、组织才干和民主作风。所谓开拓精神，就是要不断创新，永远进取，不满足于已经取得的成绩。这一点对于任何从事科学创造的人来说都很重要，对于科研领导人则尤其重要。科技史上一些取得重大成果或产生重要影响的学派或科研集体，无不与其科研领导人或学术带头人的开拓精神有关。如现已驰名全球的美国高级技术中心"硅谷"的形成，就与勇于开拓的美国电子学家、斯坦福大学的F.特曼教授的倡导直接有关。他不满于高等学府与工业生产脱节的现象，早在第二次世界大战前就设想创建以学府为中心，融人才培养、科学研究和工业生产于一体的新型工业区。他不仅把自己的发明创造直接投入生产，还鼓励和培养他的学生成为既懂专业研究，又具备企业家素质的"兼容科学家"。正是在他的指导下，终于出现了今日之"硅谷"。显然，富于开拓精神，已日益成为现代化科研集体的学术带头人或领导人所必须具备的重要品质。

一般来说，具有"创新型"才能特点的人都具有开拓精神，但他们却不一定都能成为好的科研领导人，这与其是否具有组织管理才干直接有关。德国物理学家海森堡，在第二次世界大战后曾担任过一个物理研究所的所长，据说西德政府向这个研究所大量投资但收效甚微。不少人认为，尽管海森堡是闻名的诺贝尔奖获得者，却缺乏组织管理才干。相反，第二次世界大战期间，美国政府为完成"曼哈顿"计划，选用了声名并不显赫的物理学家奥本海默承担原子弹研制的指挥任务。正是由于他具有神奇般的组织指挥才能，包括上万名科学家和工程技术人员在内的十余万人组成的庞大机构，运转自如，发挥了巨大的创造力。仅用两年时间，就研制成功了世界上第一颗原子弹。

除了开拓精神和组织才干外，许多杰出的科研领导人或学术带头人，还都具有平等待人和鼓励成员勇于创新的民主作风与博大胸怀。英国剑桥大学卡文迪许实验室，人才辈出，培养出一批诺贝尔奖获得者，这是与长期担任该实验室领导的卢瑟福的民主作风分不开的。苏联物理学家、诺贝尔奖获得者П.Л.卡皮察曾在这个实验室学习和工作过。他在回忆卢瑟福时说：

> 卢瑟福作为导师的最优秀品质，是他的那种指导工作、支持科学家创举、正确评价所取得成果的本领。他对学生评价最多的是独立思考、首创精神和具有个性……如果谁能做到这些，他就特别关心和鼓励谁的工作。①

苏联物理学家Ю.Б.鲁麦尔曾在德国物理学家、著名的哥廷根学派创建人玻恩身边工作过。他在谈及玻恩时说：

> 马克斯·玻恩并不强迫任何人接受自己的思想和兴趣，他喜欢在理论物理学的各个分支领域同自己的任何一位同事讨论各种思想，并且在讨论中从不摆弄自己的权威

---

① 转引自［苏］赫拉莫夫《科学中的学派》，《科学学译丛》，1983年第1期，第38页。

来压制别人，从不表现自己的优势地位。他认为需要让所有与人争论的人都享有最广泛的学习和创造的自由……①

显然，科研领导人的这种优秀作风，对于调动集团成员的最佳创造力，实现科研集团的最佳综合效应，具有无可比拟的重要意义。

四　创造气氛

诗人要有翅膀飞向天空，可还要有一双脚留在地上。

——雨果

1902年3月的一天，瑞士伯尔尼大学哲学系学生索洛文在大街上散步时，从买到的一份报纸上发现有条消息写着："阿·爱因斯坦，苏黎世工业大学毕业生，三个法郎讲一小时物理课。"索洛文颇有兴致地找到报纸上所示地址。没想到"一见倾心"，一位学哲学的和一位准备教物理的，见面后就海阔天空地畅谈了两三个小时。至于讲物理课的事，早就置

---

① 转引自［苏］赫拉莫夫《科学中的学派》，《科学学译丛》，1984年第1期，第38页。

于两人的脑后了。

这个故事,正是后来闻名于世的所谓"奥林匹亚科学院"宣布成立的序幕。爱因斯坦和索洛文,后又加上学数学的哈比希特,三个年轻人经常在一起研读科学大师和哲学大师们的宏著名作,无拘无束地高谈阔论。甚至每天在一起共进极其简单的晚餐,分享"欢乐的贫困"[①]。激励对知识的渴求,砥砺思想,激发创造。知识和思想的富裕,带来了精神上的满足。他们诙谐地把自己比作希腊神话中集聚众神的奥林匹斯山上的神,或是为祭奠"众神之父"宙斯而举办的奥林匹克运动会上的勇士,而把聚会称作"奥林匹亚科学院"。现在大家都知道,正是这个自由组合的"弹性科学院",在爱因斯坦心中扎下了多么深的科学创造之根。

"奥林匹亚科学院"的最珍贵之处,就在于以爱因斯坦为"院长"的三位成员之间,那种仰慕真理、潜心科学、自由探讨的创造气氛。所谓创造气氛,也可说是"创造环境"或"创造生态"。意思是指有益于发挥创造精神,激励科学创造的各种因素或条件。总的来说,它包括两大方面,即内气氛(或内环境、内生态)与外气氛(或外环境、外生态)。前

[①] 古希腊哲学家伊壁鸠鲁曾说过:"欢乐的贫困是美事";索洛文说,这句话正适合他们当时的情况。见《爱因斯坦文集》第1卷,第570页。

者指创造主体本身的各种内部条件，后者指影响主体发挥创造力的外部因素和条件。外气氛尚有"小生态"与"大生态"之别：前者指创造集团内部的各种因素和条件；后者指对于创造个体以至集团发挥创造力有影响的，整个社会的各种因素和条件。所以总体来看，创造气氛包括三个层次的问题，也可分别称之为有关创造力发挥的"微观气氛"、"中观气氛"和"宏观气氛"。

首先，发挥创造力的"微观气氛"问题，本章前几节内容或多或少都与之有关。这里从如何创造一个适宜的"内生态环境"角度，概括指出几点。

（1）良好的心境。所谓心境，是指一种表现不明显但却持久起作用的情绪状态，它与起伏不定或大起大落的情绪波动有区别。良好的心境是主体能专心致志于科学创造的基本条件。灵感出现前后那种强烈的情感冲动不仅与这种心境不矛盾，而且是以它为保证的。琐事的纠缠、不必要的分心，以及受不良因素（包括一时的怠惰、过分的疲劳或急于求成，以及个人生活中的烦恼等）影响而产生的恶劣心境，都会直接妨碍主体创造力的正常发挥。为保持良好的心境，创造者有必要自觉摆脱各种干扰，诸如不必要的社交活动、参加无关的会议、接待来访的不速之客等。

（2）克服心理定式。举个简单例子就可说明什么叫"心理定式"。如下图：当要求一次性画4条直线逐个穿过这9个黑点时，第一次接触这个问题的人一般都不知从何着手。原因就是任何人在知觉图形过程中，都有一种"组织性"或"完形性"倾向。实际上，如果我们不把图中的9个点看成是四周有边界的方块，这个问题就可能迎刃而解。这种不自觉地趋于"完形"的知觉现象，就是心理定式的一种表现。显然，心理定式与发展灵活变通的发散式思考是直接抵牾的。所以，要发挥创造性思维力作用，就必须锻炼思维的灵活性，克服心理定式。广闻博见，勤思多练，是克服心理定式的基本途径，发现思维阻滞时，有意识地与原来的思路反向、侧向（借鉴其他问题的解决办法）思考，或暂时转移注意别的问题，都是可行的克服方法。

· · ·
· · ·
· · ·

（3）不受习惯势力与传统观念的束缚。心理定式也是一种习惯，但习惯不一定都形成阻滞思路的心理定式。不少人还往往借助于某种习惯进行创造性思维，如我们曾提到有人专门借助入睡前、方醒时考虑问题的习惯以产生灵感。这些都是个人思考方式上的习惯，不一定有碍。从社会角度看，由于传统观念影响而形成的习惯势力，往往也会转化成一种心理障碍，影响一个人的创造思维力得到正常发挥。科技史上这方面的经验教训是大量的。如氧的发现过程，只有拉瓦锡破除了传统观念"燃素说"的习惯势力的影响，才胜同时代许多先行者一筹。爱因斯坦正是摆脱了"以太"观念的桎梏，才超越同时代许多杰出的物理学家创立了相对论。现在都知道，最先发现电子的是提出"正电子原子球模型"的汤姆孙，其实与他同时还有不止一个人发现了电子。但他们却都囿于原子不可分的传统观念，而未能得出正确的结论。

受传统观念束缚往往有很深的社会原因，其中尊师、崇古和畏惧于社会的非议，都是常见的情况。唐代学人韩愈说："行成于思毁于随。"明代哲人杨慎更明确指出："虽天亲父子不苟同也"，"圣贤师弟子亦不苟同也"。古希腊最渊博的学者亚里士多德也说："吾爱吾师，但吾尤爱真理。"至于社会非议，作出超时代发现的年迈女科学家麦克林托克说得好：

> 假如你认为自己迈开的步伐是正确的，并且已经掌握了专门的知识，那么，任何人都阻挠不了你……不必理会

人们的非难和评头品足。①

当然，盲目地一味否定传统观念也不利于创造，因为任何创造仍都是在对传统的批判继承中进行的。况且，传统观念有时也能起到抑制非科学或伪科学的作用。

（4）创造年龄。若以25～55岁的大幅度为"最佳年龄区"，以40岁左右为"最佳峰值年龄"，大致能表达有关创造年龄研究的各种统计数值的基本情况。这就是说，一般条件下，人到中年是创造的高峰期。不用说，抓住高峰期，一般都能成为促进创造的内在动力。反之，25岁乃至30岁以下和55岁乃至50岁以上这样的年龄，却往往会成为发挥创造力的内在障碍。其实，"高峰期"反映的是统计平均值，从个人来说，仍然存在着在不同年龄区大显身手的极大余地。科技史上30岁乃至25岁前显露创造才华的大有人在。如高斯17岁就已提出最小二乘法，开始引起人们注意；伽利略发表关于自由落体运动论述向亚里士多德传统观念挑战时，年仅20岁；牛顿23岁发现万有引力定律；海森堡24岁建立量子力学；爱迪生提出第一项发明（自动定时发报机）时才16岁，第一次取得专利（自动投票

---

① 转引自本刊评论员《从麦克林托克获诺贝尔奖谈起》，《自然杂志》，1983年第12期，第883页。

记录机）时也才21岁。至于爱因斯坦，在他最初沉湎于奇妙深邃的"想象实验"（以光速跟着光波跑）时，还是16岁的中学生，正式创立相对论也不过26岁。总之，因年轻而无自信是不必要的。其实，青年人思维更活跃，想象更丰富，虽在知识和经验上一般不如中、老年，但也由此更少保守性，更富创造性。科技史上到高龄仍保持旺盛创造力的，同样也不乏其人。仅举一例：爱迪生七十高龄后还研究改善了无线电技术、电功率、电影、汽车和飞机的制造等；在他逝世之前已年逾八旬，但还曾从事由北美盛产的菊科植物中提取并生产合成橡胶的研究。与青壮年相比，老年人的优势在于理解、判断、推理等能力更强，知识、经验也丰富。如自觉克服可能产生的保守性，同样可在创造活动中发挥特有的作用。所以，只要身体无恙，进入老年期，也无须成为发挥创造力的心理障碍。

其次，发挥创造力的"中观气氛"，也就是有关创造集团的创造气氛问题。关于集团创造力，从创造气氛角度看，主要有两点：其一是集团成员之间的心理相容；其二是自由探讨的民主空气。爱因斯坦等人的"奥林匹亚科学院"虽是个非正式的科研集体，但其深远影响主要体现在这两点。好的科研带头人都重视这两点，因而也就能把一些有才华的人吸引在自己身边并竭尽所能。巴甫洛夫领导的科研集体是心理相容的典范之

一、他曾这样谈起这个集体：

> 在我所领导的这个集体内，互助气氛解决一切。我们大家联结在一个共同事业上，每个人都按自己的力量和可能来推进这个共同事业。在我们这里，往往辨别不出哪是"我的"，哪是"你的"，但是，正因为这样，我们的共同事业才赢得胜利。①

所以，心理相容所指的主要就是成员间目标、志趣上的一致，以及由此产生的和衷共济、团结互助。它一方面为每个成员提供了保持良好心境的客观前提，反过来又有利于培养每个成员自觉的群体意识，其作用之大，往往胜于优越的物质条件。

心理相容是一个研究集体能够民主自由地探讨学术问题的必要前提，自由探讨的民主空气又会进一步促进心理相容。两者的关系是相辅相成的。英国医学研究委员会的分子生物实验所是这方面的又一典范。据美国《国际先驱论坛报》1983年1月6日的一篇文章介绍，这个实验所没有什么华丽的办公室，所长的办公室又小又乱，一些高级研究人员也一样。他们挤在一起，一位生物学家和一位化学家站在走廊里就可以讨论如何

---

① 《巴甫洛夫全集》第1卷，人民卫生出版社1959年版，第17页。

搞一种难搞的合成物或与培养细菌有关的问题。正是在这种条件下,这个实验所迄今已培养出6名诺贝尔奖获得者,其中有一人两次获得诺贝尔奖。分子生物学的划时代发现——脱氧核糖核酸(DNA)双螺旋结构的阐明,正是这个所的J. D. 沃森和F. H. 克里克的成果。这个实验所的研究人员一致认为,他们在科学上取得不寻常的丰硕成果,主要应归功于这种类似于某种家庭气氛的平等氛围。

由此可见,在心理相容前提下自由探讨的民主空气,能够起到一种"群集共生"的作用。这种作用是靠单个人的埋头苦干所无法代替的,在现代科技高速、综合发展的情况下,尤其如此。然而,为了更好地利用这种群集共生作用,又不能不看到大集体中允许小自由的必要性。如允许集团中课题组成员可以临时性自由组合;允许个别成员在某个问题上可以有自由研究的余地等。这样做既是为了更充分地调动每个成员的最大积极性,使良好的集团气氛有坚实的基础,也是为了避免有可能失去某个有希望的科研线索。如青霉素的发现者、英国细菌学家A. 弗莱明就曾指出,他当时若是参加了某个研究组,就不能放下组里的研究去深入追踪别的线索,那么,也就发现不了青霉素了。[①]

[①] [英]W. I. B. 贝弗里奇:《科学研究的艺术》,陈捷译,科学出版社1979年版,第129页。

最后，发挥创造力的"宏观气氛"，也就是社会创造气氛的问题。这是个大题目，但在我们这里只能作原则上的讨论。从原则上看，为了保证良好的社会创造气氛，需要有两个最基本的前提条件，那就是发展到相当阶段的生产力水平，以及生产关系方面存在着有利于发扬创造精神的社会背景。这两方面应该是相辅相成的，但在复杂的社会历史现象中，有时也会出现两者相背离的情况。总的来说，生产力的发展水平是根本。我们不能想象在生产力水平低下的情况下，会有高度开放的社会；而在社会处于野蛮或封闭状态的条件下，也不可能有鼓励科学创造的社会气氛。正如恩格斯所曾阐明的，整个近代自然科学的产生过程，实际上就是资本主义生产方式形成的过程。随着资本主义大工业生产的发展，鼓励科学创造的社会气氛，在一些工业化国家里也得到了相应的发展。一个突出的例子是20世纪30年代以来，为了不断提高直接参与生产过程和企业管理过程的工程技术人员和管理人员的素质，在美国产生了一门专以开发职工创造力为宗旨的新兴学科——创造学。创造学的产生和发展，又在一定程度上推进了美国社会重视发明创造、重视创造力开发的社会气氛。

创造学产生的标志，是1936年美国通用电气公司为训练和提高职工创造力首先开设的"创造工程"课程，以及奥斯本发表的专著《思考的方法》（一种激励集体思维活力的方法）。自那以后，创造学就开始作为一种加速创造发明活动和培养创造发明人才的知识生产技术系统——创造工程，而引起世界上许多国家的重视，特别是战后的日本。迄今，创造工程的研究和创造技法的应用，已遍及各工业发达国家。在"智力激励法"基础上发展起来的各种创造技法，目前在国际上通行的已达300余种，最常用、最著名的也有百种之多。并且，这些技法的使用和推广已给这些国家的经济生活带来了一定的实际效益，因而反过来又促进了创造学的研究和人们创造思维力的开发。可见，发达工业社会重视创造发明的气氛，的确有助于人们创造思维力的发挥。

现代创造学的兴起，进一步证明科学创造绝非神秘之事，而是人人都可一试的实在过程。重要的是，良好的社会气氛是激发人们创造力的基本前提。现在，我国也已经有了充分调动人们从事科学创造积极性的坚实基础。智力开发，创造力开发，也开始成为全社会较普遍的向往。党和国家已采取一系列鼓励创造发明的有效措施，如对科学创造嘉以重奖、技术发明保以专利等。更为重要的是，我们还拥有最大限度发挥创造性所必需的精神支柱。我们知道，创造既是社会的事业，又是一个个富于个性的人参与其中的特殊形式的社会劳动。因此，创造不仅需要物质的鼓励和保证，而且更需要社会力量的支持，使之具有一种足以摆脱一切陈规陋习和社会偏见约束的内在动力。因而它要求社会，既要在学术思想上具有能容纳各种不同意见的宽容精神；又要鼓励人们敢于树旗帜，立学派，展开学术竞争。借用爱因斯坦的话说，就是需要社会提供这样一种气氛，它使人们不但能得到"外在的自由"，而且能有一种"内心的自由"，以便无所顾忌地去从事各种科学的和技术的创造发明。如他曾说：

> 科学的发展，以及一般的创造性精神活动的发展，还需要另一种自由，这可以称之为内心的自由。这种精神上的自由在于思想上不受权威和社会偏见的束缚，也不受一般违背哲理的常规和习惯的束缚。这种内心的自由是大自然难得赋予的一种礼物，也是值得个人追求的一个目标……只有不断地、自觉地争取外在的自由和内心的自由，精神上的发展和完善才有可能，由此，人类的物质生活和精神生活才有可能得到改进。[①]

[①] 许良英等编译：《爱因斯坦文集》第3卷，商务印书馆1979年版，第180页。

他还说："只有在自由的社会中，人才能有所发明，并且创造出文化价值，使现代人生活得有意义。"[1]

无数仁人志士为之奋斗不息的未来共产主义社会，正是能使人们真正得到最广泛自由的人类理想社会。我们今天的现代化大业，即是为到达这样的社会而进行的"人类历史上最伟大的创造性工程之一"。[2]所以，我们今天的社会主义社会，也必将为人类曾在科学创造事业中不断追求的那种"内心的自由"和"外在的自由"，日益提供有效的保证。

---

[1] 许良英等编译：《爱因斯坦文集》第3卷，商务印书馆1979年版，第118—119页。

[2] 胡耀邦：《全面开创社会主义现代化建设的新局面》，《中国共产党第十二次全国代表大会文件汇编》，人民出版社1982年版，第67页。

参考书目

1. 陈昌曙：《自然科学的发展与认识论》，人民出版社1983年版。

2. 周林、殷登祥、张永谦主编：《科学家论方法》第1辑，内蒙古人民出版社1983年版。

3. 张巨青主编：《科学逻辑》，吉林人民出版社1984年版。

4. ［英］W. I. B. 贝弗里奇：《科学研究的艺术》，陈捷译，科学出版社1979年版。

5. ［美］哈里特·朱克曼：《科学界的精英》，周叶谦等译，商务印书馆1979年版。

6. ［美］W. C. 丹皮尔：《科学史及其与哲学和宗教的关系》，李珩译，商务印书馆1975年版。

7. 唐钺：《西方心理学史纲要》，北京大学出版社1982

年版。

8. ［美］J. P. 查普林等：《心理学的体系和理论》上、下册，林方译，商务印书馆1983、1984年版。

9. ［美］克雷奇等：《心理学纲要》上、下册，周先庚等译，文化教育出版社1980、1981年版。

10. 周昌忠编译：《创造心理学》，中国青年出版社1983年版。

11. 王极盛：《科学创造的心理学问题》，田夫、王兴成主编：《科学学教程》，科学出版社1983年版。

12. 许立言：《创造工程》（内部资料），1984年印。

13. 许良英、赵中立、张宣三编译：《爱因斯坦文集》第1、2、3卷，商务印书馆1977、1979年版。

14. 赵中立、许良英编译：《纪念爱因斯坦译文集》，上海科学技术出版社1979年版。

15. Blakslee, T. R., *Right Brain: A New Understanding of the Unconscious Mind and Its Creative Powers*. Garden City, NY: Anchor Press / Doubleday, 1980.

国家新闻出版广电总局
首届向全国推荐中华优秀传统文化普及图书

大家小书书目

国学救亡讲演录	章太炎 著　蒙木 编
门外文谈	鲁迅 著
经典常谈	朱自清 著
语言与文化	罗常培 著
习坎庸言校正	罗庸 著　杜志勇 校注
鸭池十讲（增订本）	罗庸 著　杜志勇 编订
古代汉语常识	王力 著
国学概论新编	谭正璧 编著
文言尺牍入门	谭正璧 著
日用交谊尺牍	谭正璧 著
敦煌学概论	姜亮夫 著
训诂简论	陆宗达 著
金石丛话	施蛰存 著
常识	周有光 著　叶芳 编
文言津逮	张中行 著
经学常谈	屈守元 著
国学讲演录	程应镠 著
英语学习	李赋宁 著
中国字典史略	刘叶秋 著
语文修养	刘叶秋 著
笔祸史谈丛	黄裳 著
古典目录学浅说	来新夏 著
闲谈写对联	白化文 著
汉字知识	郭锡良 著
怎样使用标点符号（增订本）	苏培成 著
汉字构型学讲座	王宁 著

诗境浅说	俞陛云 著
唐五代词境浅说	俞陛云 著
北宋词境浅说	俞陛云 著
南宋词境浅说	俞陛云 著
人间词话新注	王国维 著　滕咸惠 校注
苏辛词说	顾 随 著　陈 均 校
诗论	朱光潜 著
唐五代两宋词史稿	郑振铎 著
唐诗杂论	闻一多 著
诗词格律概要	王 力 著
唐宋词欣赏	夏承焘 著
槐屋古诗说	俞平伯 著
词学十讲	龙榆生 著
词曲概论	龙榆生 著
唐宋词格律	龙榆生 著
楚辞讲录	姜亮夫 著
读词偶记	詹安泰 著
中国古典诗歌讲稿	浦江清 著
	浦汉明　彭书麟 整理
唐人绝句启蒙	李霁野 著
唐宋词启蒙	李霁野 著
唐诗研究	胡云翼 著
风诗心赏	萧涤非 著　萧光乾　萧海川 编
人民诗人杜甫	萧涤非 著　萧光乾　萧海川 编
唐宋词概说	吴世昌 著
宋词赏析	沈祖棻 著
唐人七绝诗浅释	沈祖棻 著
道教徒的诗人李白及其痛苦	李长之 著
英美现代诗谈	王佐良 著　董伯韬 编
闲坐说诗经	金性尧 著
陶渊明批评	萧望卿 著

古典诗文述略	吴小如 著	
诗的魅力		
——郑敏谈外国诗歌	郑　敏 著	
新诗与传统	郑　敏 著	
一诗一世界	邵燕祥 著	
舒芜说诗	舒　芜 著	
名篇词例选说	叶嘉莹 著	
汉魏六朝诗简说	王运熙 著	董伯韬 编
唐诗纵横谈	周勋初 著	
楚辞讲座	汤炳正 著	
	汤序波 汤文瑞 整理	
好诗不厌百回读	袁行霈 著	
山水有清音		
——古代山水田园诗鉴要	葛晓音 著	
红楼梦考证	胡　适 著	
《水浒传》考证	胡　适 著	
《水浒传》与中国社会	萨孟武 著	
《西游记》与中国古代政治	萨孟武 著	
《红楼梦》与中国旧家庭	萨孟武 著	
《金瓶梅》人物	孟　超 著	张光宇 绘
水泊梁山英雄谱	孟　超 著	张光宇 绘
水浒五论	聂绀弩 著	
《三国演义》试论	董每戡 著	
《红楼梦》的艺术生命	吴组缃 著	刘勇强 编
《红楼梦》探源	吴世昌 著	
《西游记》漫话	林　庚 著	
史诗《红楼梦》	何其芳 著	
	王叔晖 图	蒙　木 编
细说红楼	周绍良 著	
红楼小讲	周汝昌 著	周伦玲 整理

曹雪芹的故事	周汝昌 著	周伦玲 整理
古典小说漫稿	吴小如 著	
三生石上旧精魂		
——中国古代小说与宗教	白化文 著	
中国古典小说名作十五讲	宁宗一 著	
中国古典戏曲名作十讲	宁宗一 著	
古体小说论要	程毅中 著	
近体小说论要	程毅中 著	
《聊斋志异》面面观	马振方 著	
《儒林外史》简说	何满子 著	

我的杂学	周作人 著	张丽华 编
写作常谈	叶圣陶 著	
中国骈文概论	瞿兑之 著	
谈修养	朱光潜 著	
给青年的十二封信	朱光潜 著	
论雅俗共赏	朱自清 著	
文学概论讲义	老舍 著	
中国文学史导论	罗庸 著	杜志勇 辑校
给少男少女	李霁野 著	
古典文学略述	王季思 著	王兆凯 编
古典戏曲略说	王季思 著	王兆凯 编
鲁迅批判	李长之 著	
唐代进士行卷与文学	程千帆 著	
说八股	启功 张中行 金克木 著	
译余偶拾	杨宪益 著	
文学漫识	杨宪益 著	
三国谈心录	金性尧 著	
夜阑话韩柳	金性尧 著	
漫谈西方文学	李赋宁 著	
历代笔记概述	刘叶秋 著	

周作人概观	舒芜 著	
古代文学入门	王运熙 著	董伯韬 编
有琴一张	资中筠 著	
中国文化与世界文化	乐黛云 著	
新文学小讲	严家炎 著	
回归，还是出发	高尔泰 著	
文学的阅读	洪子诚 著	
中国文学1949—1989	洪子诚 著	
鲁迅作品细读	钱理群 著	
中国戏曲	幺书仪 著	
元曲十题	幺书仪 著	
唐宋八大家 ——古代散文的典范	葛晓音 选译	
辛亥革命亲历记	吴玉章 著	
中国历史讲话	熊十力 著	
中国史学入门	顾颉刚 著	何启君 整理
秦汉的方士与儒生	顾颉刚 著	
三国史话	吕思勉 著	
史学要论	李大钊 著	
中国近代史	蒋廷黻 著	
民族与古代中国史	傅斯年 著	
五谷史话	万国鼎 著	徐定懿 编
民族文话	郑振铎 著	
史料与史学	翦伯赞 著	
秦汉史九讲	翦伯赞 著	
唐代社会概略	黄现璠 著	
清史简述	郑天挺 著	
两汉社会生活概述	谢国桢 著	
中国文化与中国的兵	雷海宗 著	
元史讲座	韩儒林 著	

魏晋南北朝史稿	贺昌群 著
汉唐精神	贺昌群 著
海上丝路与文化交流	常任侠 著
中国史纲	张荫麟 著
两宋史纲	张荫麟 著
北宋政治改革家王安石	邓广铭 著
从紫禁城到故宫 ——营建、艺术、史事	单士元 著
春秋史	童书业 著
明史简述	吴晗 著
朱元璋传	吴晗 著
明朝开国史	吴晗 著
旧史新谈	吴晗 著 习之 编
史学遗产六讲	白寿彝 著
先秦思想讲话	杨向奎 著
司马迁之人格与风格	李长之 著
历史人物	郭沫若 著
屈原研究（增订本）	郭沫若 著
考古寻根记	苏秉琦 著
舆地勾稽六十年	谭其骧 著
魏晋南北朝隋唐史	唐长孺 著
秦汉史略	何兹全 著
魏晋南北朝史略	何兹全 著
司马迁	季镇淮 著
唐王朝的崛起与兴盛	汪篯 著
南北朝史话	程应镠 著
二千年间	胡绳 著
论三国人物	方诗铭 著
辽代史话	陈述 著
考古发现与中西文化交流	宿白 著
清史三百年	戴逸 著

清史寻踪	戴　逸	著
走出中国近代史	章开沅	著
中国古代政治文明讲略	张传玺	著
艺术、神话与祭祀	张光直	著
	刘　静　乌鲁木加甫	译
中国古代衣食住行	许嘉璐	著
辽夏金元小史	邱树森	著
中国古代史学十讲	瞿林东	著
历代官制概述	瞿宣颖	著

宾虹论画	黄宾虹	著
中国绘画史	陈师曾	著
和青年朋友谈书法	沈尹默	著
中国画法研究	吕凤子	著
桥梁史话	茅以升	著
中国戏剧史讲座	周贻白	著
中国戏剧简史	董每戡	著
西洋戏剧简史	董每戡	著
俞平伯说昆曲	俞平伯著　陈　均	编
新建筑与流派	童　寯	著
论园	童　寯	著
拙匠随笔	梁思成著　林　洙	编
中国建筑艺术	梁思成著　林　洙	编
沈从文讲文物	沈从文著　王　风	编
中国画的艺术	徐悲鸿著　马小起	编
中国绘画史纲	傅抱石	著
龙坡谈艺	台静农	著
中国舞蹈史话	常任侠	著
中国美术史谈	常任侠	著
说书与戏曲	金受申	著
世界美术名作二十讲	傅　雷	著

中国画论体系及其批评	李长之 著
金石书画漫谈	启 功 著 赵仁珪 编
吞山怀谷	
——中国山水园林艺术	汪菊渊 著
故宫探微	朱家溍 著
中国古代音乐与舞蹈	阴法鲁 著 刘玉才 编
梓翁说园	陈从周 著
旧戏新谈	黄 裳 著
民间年画十讲	王树村 著 姜彦文 编
民间美术与民俗	王树村 著 姜彦文 编
长城史话	罗哲文 著
天工人巧	
——中国古园林六讲	罗哲文 著
现代建筑奠基人	罗小未 著
世界桥梁趣谈	唐寰澄 著
如何欣赏一座桥	唐寰澄 著
桥梁的故事	唐寰澄 著
园林的意境	周维权 著
万方安和	
——皇家园林的故事	周维权 著
乡土漫谈	陈志华 著
现代建筑的故事	吴焕加 著
中国古代建筑概说	傅熹年 著
简易哲学纲要	蔡元培 著
大学教育	蔡元培 著
	北大元培学院 编
老子、孔子、墨子及其学派	梁启超 著
新人生论	冯友兰 著
中国哲学与未来世界哲学	冯友兰 著
春秋战国思想史话	嵇文甫 著

晚明思想史论	嵇文甫 著	
谈美	朱光潜 著	
谈美书简	朱光潜 著	
中国古代心理学思想	潘菽 著	
新人生观	罗家伦 著	
佛教基本知识	周叔迦 著	
儒学述要	罗庸 著	杜志勇 辑校
老子其人其书及其学派	詹剑峰 著	
周易简要	李镜池 著	李铭建 编
希腊漫话	罗念生 著	
佛教常识答问	赵朴初 著	
维也纳学派哲学	洪谦 著	
大一统与儒家思想	杨向奎 著	
孔子的故事	李长之 著	
西洋哲学史	李长之 著	
哲学讲话	艾思奇 著	
中国文化六讲	何兹全 著	
墨子与墨家	任继愈 著	
中华慧命续千年	萧萐父 著	
儒学十讲	汤一介 著	
汉化佛教与佛寺	白化文 著	
传统文化六讲	金开诚 著	金舒年 徐令缘 编
创造	傅世侠 著	
美是自由的象征	高尔泰 著	
艺术的觉醒	高尔泰 著	
中华文化片论	冯天瑜 著	
儒者的智慧	郭齐勇 著	
中国政治思想史	吕思勉 著	
市政制度	张慰慈 著	
政治学大纲	张慰慈 著	